GIS 局部放电诊断技术与应用

代荡荡　刘　芬　余　铮　廖荣涛　主编

科学技术文献出版社
SCIENTIFIC AND TECHNICAL DOCUMENTATION PRESS

·北京·

图书在版编目（CIP）数据

GIS局部放电诊断技术与应用 / 代荡荡等主编. —北京：科学技术文献出版社，2021.8（2022.9重印）
ISBN 978-7-5189-8316-2

Ⅰ.①G… Ⅱ.①代… Ⅲ.①绝缘结构—局部放电试验 Ⅳ.①TM8

中国版本图书馆CIP数据核字（2021）第179490号

GIS局部放电诊断技术与应用

策划编辑：孙江莉　责任编辑：张　丹　邱晓春　责任校对：文　　　责任出版：张志平

出 版 者	科学技术文献出版社
地　　址	北京市复兴路15号　邮编 100038
编 务 部	（010）58882938，58882087（传真）
发 行 部	（010）58882868，58882870（传真）
邮 购 部	（010）58882873
官方网址	www.stdp.com.cn
发 行 者	科学技术文献出版社发行　全国各地新华书店经销
印 刷 者	北京虎彩文化传播有限公司
版　　次	2021年8月第1版　2022年9月第2次印刷
开　　本	710×1000　1/16
字　　数	137千
印　　张	8.5
书　　号	ISBN 978-7-5189-8316-2
定　　价	36.00元

《GIS 局部放电诊断技术与应用》 编 委 会

前　言

气体绝缘组合电器（Gas Insulated Switchgear，GIS）因结构紧凑、可靠性高、电磁污染小及维护工作量少，已逐步成为输变电系统中的关键设备。然而，GIS 设备在生产、运输、装配、运行及维修的过程中会不可避免地在设备内部留下各种类型的潜伏性绝缘缺陷，这些缺陷会在运行电压的作用下逐步恶化，如果得不到及时处理，会逐渐降低设备的绝缘性能，直至诱发 GIS 绝缘故障。研究表明，GIS 因内部缺陷而导致绝缘击穿或闪络前最常见的电气特征是局部放电（Partial Discharge，PD）。PD 不仅是 GIS 绝缘劣化的早期表征，也是设备绝缘劣化的主要诱因。因此，对 PD 进行有效监测和准确识别是保证 GIS 安全运行、指导设备合理检修的重要途径。

在众多的 PD 检测方法中，超高频（UltraHigh Frequency，UHF）法被广泛用于 PD 的在线监测，化学法被广泛用于 PD 的离线检测。虽然有关这两种检测方法的研究在近些年取得了大量的研究成果，但是由于 PD 信号的随机性及 PD 机制的复杂性，目前仍然无法完全满足工程现场的应用需求。有鉴于此，为进一步提高 PD 检测的准确性与可靠性，本书对 UHF 法和化学法在 PD 检测与诊断中的若干问题展开深入研究，重点关注 UHF PD 信号的噪声抑制、UHF PD 信号的特征提取与模式识别及 SF_6 特征分解组分的选取与检测。

本书所取得的主要成果有：

①设计了 GIS 内部 4 种典型绝缘缺陷的物理模型，在小型实验平台上分别进行了基于 UHF 法和化学法的 PD 模拟实验，从实验中获取了 4 种 PD 的 UHF 波形数据和 SF_6 分解组分信息，初步建立了两种检测方法的信息数据库。

②尽管 UHF 法避免了大量低频噪声的干扰，但是变电站现场的周期性窄带噪声、脉冲型噪声及随机白噪声仍然会对检测系统造成严重干扰。本书在分析 UHF PD 信号频谱特性的基础上，发现 PD 脉冲具有以某一频率为中心，向左右两侧衰减的特征，并且中心频率位于谱图上的局部极大值点处。为此，本文提出了基于改进 Protrugram 和小波变换的 UHF PD 信号噪声抑制算法。首

先，依次通过数学形态学滤波、包络提取及阈值设定获取谱图上的局部极大值点，作为 PD 脉冲的候选中心频率。其次，依据峭度值这一指标对所有候选中心频率进行高斯测试，排除虚假中心频率，并计算真实中心频率对应的频宽，实现 PD 脉冲的频谱定位。最后，通过小波去噪法去除与 PD 脉冲同频段的白噪声。仿真和实测数据分析表明：同单纯的小波去噪算法和基于集合经验模态分解（Ensemble Empirical Mode Decomposition, EEMD）的自适应阈值算法相比，本书所提算法不仅具有更好的噪声抑制能力，而且能更好地保留信号中的 PD 信息成分。

③针对 UHF PD 模式识别算法在 UHF PD 信号受到噪声干扰后分类准确率下降的问题，本书提出了基于 S 变换（Stockwell Transform, ST）结合奇异值分解的 UHF PD 信号分类算法。首先，对 UHF PD 波形进行 S 变换，获取信号的时频幅值矩阵。其次，依据信号中有效信息的分布区域将时频幅值矩阵划分成 12 个子矩阵，并对每个子矩阵进行奇异值分解，提取每个子矩阵的最大奇异值占比和奇异熵组成一个 24 维的特征变量。最后，采用基于粒子群算法（Particle Swarm Optimization, PSO）优化的支持向量机（Support Vector Machine, SVM）为分类器实现 PD 的分类识别。研究结果表明：在不去噪的情况下，所提分类算法能够达到 98.3% 的分类准确率；对信号加噪后，即使信号的信噪比低至 -10 dB，所提分类算法依然能够达到 88.3% 的分类准确率。

④本书综合已有研究成果，选择 SOF_2、SO_2F_2、CF_4、CO_2 及 SO_2 为观测组分。在分析 PD 下 SF_6 分解机制，观测组分的生成特性及电力行业相关标准的基础上，提出选取 SO_2 作为 PD 判别的特征分解组分。针对现有分解物现场检测技术的不足，提出采用紫外光谱法对 SO_2 进行现场检测。SF_6 及其主要分解产物的紫外光谱吸收特性研究表明：只有 SO_2 在 290~310 nm 波段存在类正弦的周期性峰谷波动特征，适合在该波段对 SO_2 进行定量检测。

⑤针对光谱信号受随机噪声干扰后 SO_2 定量精度下降的问题，本书首先采用一阶导数法对光谱信号进行基线校正，随后提出了基于奇异谱分析的自适应光谱信号去噪算法，实现了自适应的谱线平滑和微量 SO_2 特征识别。针对奇异谱分析技术中有效奇异值选取的问题，该算法从模糊数学的角度将奇异值分成三个部分，分别对应信号、噪声及信号和噪声的混合区域，并通过模糊 C 均值聚类得到混合区域内奇异值对信号部分的隶属度。最后，采用偏最小二乘回归（Partial Least Squares Regression, PLSR）模型对 SO_2 进行定量检测。结果表明：采用所提去噪方法后，紫外检测系统能够识别低至 0.5 μL/L 的 SO_2。

目　录

第一章 绪 论

1.1 选题背景与意义

1.1.1 研究 GIS 局部放电检测与诊断的意义

气体绝缘组合电器（Gas Insulated Switchgear，GIS）又称全封闭式组合电器，它将母线、断路器、隔离开关、接地开关、互感器、连接件、避雷器及出线终端等设备全部密封在接地的金属外壳中，采用由环氧树脂制作的盆式支撑绝缘子作为母线和金属外壳间的绝缘支撑，并在金属外壳内部充入具有优良绝缘和灭弧性能的 SF_6 气体，以达到导体对外壳、相间及断口间的有效绝缘，是输变电系统中的关键设备[1]，如图 1.1 所示。

图 1.1 灵州±800 kV GIS 换流站

20 世纪 60 年代，GIS 设备开始在美国和日本等国家出现并迅速在世界各地普及。相比于传统的敞开式输电设备，它具有占地面积小、可靠性高、检修周期长及受外界环境影响小等诸多优点[2]。据统计，2005—2009 年，我国 126 kV、252 kV 和 550 kV 的 GIS 年产量增长了约 2 倍[3]；截至 2013 年年底，国家电网公司在运 GIS 设备达到 48 498 间隔，同比增加 7339 间隔，增幅达 17.8%[4]。随着现代城市规模不断扩大，城市用地日益紧张，结构紧凑的 GIS 设备将越来越受到使用者的青睐，GIS 设备也将更加广泛地运用到城市供电、铁道电气化等高压输变电系统中。

虽然 GIS 一向有"低维护"甚至"免维护"的美誉，但是近 60 年的运行经验表明，GIS 故障仍无法完全避免。国际大电网委员会（CIGRE）1998 年的统计数据显示[5]，1967—1992 年间投运的 GIS 设备故障率均高于国际电工委员会（IEC）所规定的 0.1 次/（百间隔·年），且随着电压等级的增加故障率明显增大。在我国，中国电力科学研究院的统计数据显示，国家电网公司投运的 72.5 kV 及以上电压等级 GIS 设备在 2003—2008 年共发生缺陷 2897 个间隔·次，其中危机缺陷 201 个间隔·次，严重缺陷 452 个间隔·次[6]。仅 2011 年，国家电网公司发现 GIS 设备缺陷达 2026 间隔·次，占总间隔数的 5.73%。南方电网公司 GIS 设备事故率也达到 0.2 次/（百间隔·年）[7]。GIS 一旦发生故障，不仅会威胁电网安全，影响供电质量，还可能诱发大规模停电事故，轻则造成经济损失，重则对社会稳定造成不利影响。因此有必要对 GIS 内部故障给予高度重视。

GIS 内部可能出现的故障种类较多，根据故障发生的原因，其常见类型可以大致分为绝缘类故障、机械类故障和其他因素故障（误操作、外力破坏等)[8]。其中，绝缘类故障约占故障总数的一半，是设备损坏的最主要因素之一[4,9]。可以说，绝缘故障的有效监测是保证 GIS 安全运行的关键[10]。

GIS 绝缘故障一般是由设备在设计、制作、运输、安装及检修过程中，因操作不当、绝缘老化等因素在设备内部留下的各种潜伏性绝缘缺陷而诱发。由于部分缺陷在常规试验中很难发现，在设备投运初期也可能是无害的，因此这些缺陷常常难以被及时发现、处理，并随着设备的长期带压运行，逐渐累积、恶化，最终导致设备发生绝缘击穿。可见，设备从故障发生到完全失效是一个逐步发展的过程。因此，及时、准确地发现故障的早期特征是监测 GIS 绝缘故障的有效途径。

研究表明，GIS 因内部缺陷而导致绝缘完全击穿或闪络前最常见的电气特征是局部放电（Partial Discharge，PD）。PD 是一种导体间绝缘仅被部分桥接的电气放电现象，一般由绝缘体内部或绝缘表面局部场强集中而引起，通常表现为持续时间少于 1 μs 的脉冲[11]。目前普遍认为 PD 是 GIS 绝缘故障的早期特征，也是设备绝缘进一步劣化的主要诱因[12]。若能准确有效地检测 GIS 内部绝缘缺陷所产生的 PD 信号，并挖掘信号所隐藏的故障信息，就能在一定程度上发现潜伏性的绝缘缺陷，提前制定相应的检修策略，防患于未然。因此，PD 检测也被公认为 GIS 绝缘故障监测与评估的重要手段。

然而，由于 GIS 自身结构特征，在现场复杂的电磁环境下对 PD 进行有效检测并不是一件容易的事，国内外学者一直致力于研发和设计高灵敏度的局部放电检测系统[13-14]。此外，PD 信号获取后，为指导设备的合理检修，需要对绝缘缺陷进行准确分类。有效的方法是依据 PD 信号的特性提取特征参量，对信号进行模式识别。因此，开展 PD 检测技术与诊断方法的研究，对于保证 GIS 的安全运行，评估 GIS 的运行状况及指导 GIS 的合理检修均具有重要意义，这也一直是国内外绝缘故障诊断领域的研究热点[15-17]。

1.1.2 GIS 内部绝缘缺陷类型

GIS 中可能引起电场集中而诱发 PD 的缺陷主要包括：自由金属颗粒、金属突出物、绝缘子气隙、绝缘子表面金属污秽等[18]，各类缺陷及其可能的位置分布如图 1.2 所示。不同类型的缺陷会所诱发不同类型的 PD，并对设备造成不同程度的破坏，其对应的检修措施也应有所不同。下面分别对这些缺陷产生的原因进行详细分析。

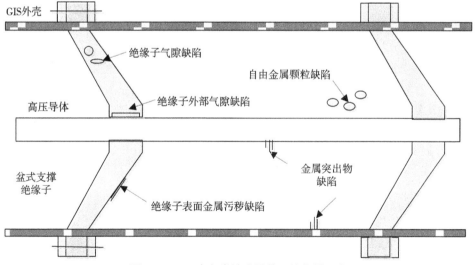

图 1.2 GIS 内各类缺陷及其可能位置示意

（1）自由金属颗粒

自由金属颗粒是 GIS 中最常见的一类缺陷，其原型为 GIS 内部可以自由移动、大小不一、形状各异的金属颗粒物。这些颗粒可能因制造或装配过程中设备清洗不当遗留而产生，也可能因机械动作过程中的金属摩擦而产生。它们在强电场的作用下感应电荷，并在电场力的作用下发生跳动或位移，从而在两极间或支撑绝缘子表面形成导电通道，进一步诱发 PD。颗粒的运动程度与很多因素有关，如颗粒的材料、形状、大小，外加电场的场强及作用时间等，故而其诱发的 PD 较为随机。

（2）金属突出物

金属突出物是 GIS 最为典型的缺陷之一，其原型为 GIS 因加工不良、机械破坏或装配时的金属刮擦而产生的金属突起毛刺，多表现为细小的突起点。它可能存在于高压导体表面，也可能存在于金属外壳内壁。突出物通常异常尖锐，极易在尖头突出部位形成高场强区，从而导致局部电场集中而诱发 PD。当 GIS 在稳态交流电压下工作时，这些高场强区所产生的放电主要表现为电晕放电，且较为稳定，不一定会导致绝缘击穿。但是，由操作过电压或雷电过电压而导致的快速暂态过电压下，往往会引发故障。特别地，自由金属颗粒长期附着在绝缘子表面时也可能形成尖端。

（3）绝缘子气隙

绝缘子气隙缺陷可能发生在绝缘子表面，也可能发生在绝缘子内部。气隙发生在绝缘子表面与高压导致之间被称为绝缘子外部气隙缺陷，它可能由绝缘子与高压电极因装配误差而形成的微小缝隙产生，也可能由其他缺陷引起的二次效应产生，如 PD 产生的 SF_6 分解物与 GIS 内的微水、微氧或金属部件反应而引起的腐蚀性破坏。气隙发生在绝缘子内部被称为内部气隙缺陷，它通常由制造过程中渗入的金属颗粒、环氧树脂内部气泡等因素产生。由于内部气隙一般不会导致 SF_6 气体发生分解，一般情况下，很难根据 SF_6 分解物的生成规律对此类故障进行诊断。

（4）绝缘子表面金属污秽

绝缘子表面金属污秽，其原型为吸附于盆式绝缘子表面的金属颗粒或碎屑，此类缺陷一般由自由金属颗粒缺陷进一步恶化产生。金属颗粒在电场力的作用下，依附于绝缘子表面，导致局部电荷聚集，引起绝缘子表面场强畸变，最终诱发 PD。当故障进一步恶化后，此类 PD 可能导致绝缘子表面损伤，形成表面树痕，故障持续恶化可能导致闪络和绝缘击穿。

1.2　国内外研究现状

1.2.1　GIS 局部放电检测方法

局部放电的发生通常伴随着声、光、热及化学反应等现象。这些物理和化学现象都为 PD 的检测提供了依据，由此也产生了相应的检测方法[19]。现有的 PD 检测方法大致可以分为电检测法和非电检测法 2 类。其中，非电检测法主要包括声测法、光检测法和化学检测法；电检测法主要包括脉冲电流法和超高频（Ultra High Frequency，UHF）法。

（1）声测法

PD 在 GIS 内部发生后，其产生的能量使得离子气体通道急速膨胀，这时 PD 源就类似于一个能够产生声音压力波的振动源（声源）。由于 PD 所激发的声信号带宽范围在 20~250 kHz，属于超声波波段，因此可以利用超声传感器来检测此类信号[20]。该方法属于非侵入式检测方法，一般不会对 GIS 的运行造成影响。同时，该方法检测的是 PD 产生的机械振动（压力波），因此不受周围环境中的电磁干扰。

声测法的优点在于易实现在线检测和缺陷定位[21]，但是由于该方法的检测灵敏度不仅取决于 PD 所产生的能量，还取决于信号的传播途径，而 GIS 内部结构较为复杂，气体、盆式绝缘子会对超声波的传播造成较大衰减。同时，变电站设备的各种噪声和电晕也会对超声检测的准确性带来较大影响，所以该方法的灵敏度不高，比脉冲电流法低很多。经验表明，超声波法只能检测到由强烈 PD 引起的超声振动，难以达到精确检测和辨识绝缘缺陷的要求。该方法通常被用于委托试验和周期性运行检查之中，也比较适合在低噪水平的室内 GIS 站使用。

（2）光检测法

PD 在 GIS 内部发生后，其产生的能量会使 SF_6 气体发生电离，大部分离子又会在很短的时间内重新复合成分子，电离和复合的过程会释放出光子[22]。因此，可以利用安装在 GIS 内部的光电传感器（如光电二极管、光电倍增管）来检测 PD[23]。该方法属于侵入式检测方法，检测系统一般不受现场电磁干扰，灵敏度较高，并且能够检测放电位置。但是 PD 所辐射的光容易被 SF_6 吸收，且吸收能力随着气体密度的增大而增大。此外，GIS 内壁光滑容易引起光的反射。因此，该方法的检测准确性较低。特别地，对于已经投运的 GIS，在其内部安装光电传感器不太容易。由于光检测法技术相对复杂，GIS 厂家也一般不会在新出厂的设备内部安装光检测系统，因此该方法很少有在工程现场使用的实例。

（3）化学检测法

PD 在 GIS 内部发生后，其产生的能量会使 SF_6 气体发生分解，形成低氟化物[24]。这些氟化物会进一步与 GIS 内部的微水、微氧发生复杂的化学反应，生成一系列的衍生气体[25-26]。某些衍生气体（如 HF）可能会腐蚀设备内部的有机绝缘材料和金属材料，从而加速设备的绝缘劣化[27]。

化学检测法描述的是 PD 的非电学累积特性，该方法不受现场电磁及振动噪声干扰，并且在故障的定性识别方面具有一定的优势。理论上讲，只需要对各间隔分别抽气送检，即可判断故障是否存在，并据此判断故障所在间隔。但是由于 PD 为低能量放电，放电初期分解产物的浓度一般较低，微量分解气体容易被 SF_6 气体稀释，而且 GIS 内部普遍存在的吸附剂也会影响其检测灵敏度[28-32]，因此该方法在检测时效上具有一定的滞后性。此外，SF_6 分解组分的生成特性与故障类型的映射关系目前也没有统一的结论。国内，唐炬、张晓星等在此方面进行了深入研究，该课题组选取 SO_2F_2、SOF_2、CF_4、CO_2 为特征组分[33]，并以（SOF_2）/（SO_2F_2）、（$SO_2F_2+SOF_2$）/（CF_4+CO_2）、（CO_2）/（CF_4）这 3 个分解产物浓度比为特征参量，初步实现了缺陷类型的识别[34-36]，并对影响特征组分生成特性的各种因素进行了详细探讨[37]，但是当设备中同时存在多个 PD 源时，该方法的分类效果还值得进一步研究。目前，SF_6 分解机理、SF_6 特征分解组分的选取与检测及基于分解组分的 PD 类型辨识是该方向的研究热点。

（4）脉冲电流法

脉冲电流法是 IEC60270 标准推荐的 PD 检测方法，是测量 PD 最常用、最成熟的方法之一[19]，具有较高的检测灵敏度，精度可达 2 pC。标准中不仅给出了该方法的检测电路，还明确了视在放电量的标定流程。由于该方法的灵敏度容易受到现场环境中的电磁噪声干扰，不易在现场使用，所以目前多用于设备的出厂试验和离线试验。此外，该方法也不适合对一个完整 GIS 进行测试[38]。

（5）超高频法

PD 在 GIS 内部发生后，陡峭的电流脉冲会激发电磁波信号。由于 GIS 为同轴结构，电磁波不仅会在 GIS 内部传播，也可以通过盆式绝缘子传播到 GIS 外部。因此，可以通过内置或外置式的超高频天线接收电磁波信号[39]，并据此对 PD 进行模式识别。由于检测频段为 300 MHz～3 GHz，超高频法能够有效地避免低频噪声的干扰，具有较高的灵敏度，并且根据多个超高频传感器计算电磁波的传播时间差能够实现 PD 源的定位，该方法是目前使用最广泛的 PD 在线监测方法之一[40]。

尽管超高频法具有较强的抗干扰能力，但是电网企业的长期运行数据显示，超高频法仍然存在漏报、误报及检测结论不够准确等问题[41]，其中外置式超高频检测系统上述问题尤为严重。主要原因包括：① UHF PD 信号经过 GIS 内腔和盆式绝缘子后其传播特性发生明显变化且信号被严重衰减[42]；② 工程现场仍然存在与检测系统同频带的噪声干扰，如周期性窄带噪声、白噪声和随机脉冲噪声[43]。目前，超高频法的研究重点包括：PD 机制及其在 GIS 中的传播特性、高灵敏度的检测系统、UHF PD 信号的特征提取及模式识别方法[39,44-45]。

对比分析上述 5 种常用的 PD 检测方法，其优缺点总结如表 1.1 所示。

表 1.1 PD 检测方法对比

检测方法	声测法	光检测法	化学检测法	脉冲电流法	超高频法
优点	抗电磁干扰 非侵入式检测	抗电磁干扰	非侵入式检测 抗电磁干扰 抗振动噪声	简单 灵敏度高	抗干扰能力强 灵敏度高
缺点	受机械振动影响 灵敏度不高	检测系统复杂	理论尚不完善	信噪比低	无法标定放电量
缺陷定位	能定位	粗略定位	判定故障气室	不能定位	能准确定位
适用场合	低噪水平的室内	实验室	实验室、现场	实验室	现场
精度	<5 pC	<10 pC	<10 pC	2～5 pC	5～10 pC

从表 1.1 中可以看出，不同的 PD 检测方法有着各自的优缺点。其中，脉冲电流法是目前唯一具有国际标准的 PD 检测方法，但是由于抗干扰能力较差，该方法无法用于工程现场；声测法虽然能够在线检测 PD 并能对故障定位，但是该方法受现场机械振动影响较大，更适合在低噪水平的室内使用；光检测法由于需要在 GIS 内部安装光电传感器且检测系统比较复杂，现阶段也很少有在线应用的实例；UHF 法是目前较为成熟的 PD 在线监测方法，大部分新出厂的 GIS 设备都会内置 UHF 传感器，对于已经投运的设备，一般也会在盆式绝缘子上加装外置式 UHF 传感器。虽然该方法具有较强的抗干扰能力和较高的灵敏度，但是电网企业的统计数据表明该方法仍然存在漏报、误报及诊断结论不够准确等实际问题；化学检测法在 PD 定性识别方面具有一定

的优势，但是由于无法做到在线监测，该方法存在检测时间滞后的问题，目前多用于 PD 的辅助诊断。可以说，现有的检测技术目前都很难实现精度高、抗干扰能力强的 PD 现场监测[4]。

1.2.2 GIS 局部放电诊断方法

1.2.2.1 PD 信号特征提取

当传感器获取 PD 数据后，从数据中提取表征故障的特征参量是模式识别的先决条件。不同检测方法获取的 PD 数据属性不同，提取的特征参量及对应的特征提取方法也有所差异。对于化学检测法，由于采集的数据为 SF_6 分解物浓度，因此常采用气体组分含量、产气速率和组分浓度比等特征参量进行分析[33-34]。对于其他类型的检测方法，单次 PD 波形和多次 PD 的统计信息是目前最主要的 2 种 PD 判别和辨识依据[3]。由此形成了 3 种主要的 PD 分析模式：基于时间的分析模式（Time Resolved Partial Discharge，TRPD）、基于相位的分析模式（Phase Resolved Partial Discharge，PRPD）及非时间非相位分析模式。依据这 3 种分析模式，国内外学者对 PD 信号特征提取展开了一系列研究[46-47]。

（1）PRPD

PRPD 是目前应用最广泛的 PD 分析模式，它通过统计一段时间内（若干个工频周期）放电次数 n、放电幅值 q（视在放电量）与测试电压相位 φ 的关系来辨识 PD 类型。PRPD 反映的是 PD 的统计特征，因而不依赖数据采集设备。依据获得的放电指纹，一些数据统计分析方法和信号处理方法被用于 PD 特征提取，目前应用较多的有以下几种[48]。

1）统计特征

由于 PRPD 数据是三维的，在计算统计特征时，首先需要将三维数据投影成二维 $q-\varphi$、$n-\varphi$ 谱图。然后将二维谱图中的相角 φ 均分成若干个相位小窗，得到每个小窗内 n、q 等参量的分布数据。例如，将工频相角分成 360 个 1° 的相位小窗，每个小窗提取 3 个特征量（放电次数、最大放电幅值和平均放电幅值），这样就可以构造一个 1080（360×3）维的特征参量，这种方法也被称为相位窗法。但是由于所得特征参量维度较大，会增加后续计算的复杂度，因此常常提取这些分布数据的统计矩来更加简洁、高效地表征 PD。常用的统计矩主要包括均值、方差、斜偏度及陡峭度。

斜偏度 sk 表示数据相对于正态分布的倾斜度或者说不对称测度，如式

（1.1）所示。sk 为正值表示数据左偏，sk 为负值则表示数据右偏；陡峭度 ku 表示数据相对于正态分布形态的突起程度，如式（1.2）所示。ku 为正值表示数据分布比正态分布更尖锐，ku 为负值表示数据分布比正态分布更扁平。如果数据和正态分布具有相同的突起程度，那么 ku 的值为 0。

$$sk = \frac{\sum_{i=1}^{N}(x_i - \mu)^3}{\sigma^3 N}, \qquad (1.1)$$

$$ku = \frac{\sum_{i=1}^{N}(x_i - \mu)^4}{\sigma^4 N} - 3。 \qquad (1.2)$$

式（1.1）、（1.2）中，μ 表示样本 x_i 的均值，其表达式如式（1.3）所示。σ 表示样本 x_i 的标准差，其表达式如式（1.4）所示。如果相位窗具有不同的权重，那么样本的均值需要用加权平均值 ω 来代替，如式（1.5）所示。其中，$p(x_i)$ 为第 i 个小窗的权重值。

$$\mu = \frac{1}{N}\sum_{i-1}^{N} x_i, \qquad (1.3)$$

$$\sigma^2 = \frac{\sum_{i=1}^{N}(x_i - \mu)^2}{N}, \qquad (1.4)$$

$$\omega = \frac{\sum_{i=1}^{N} x_i p(x_i)}{\sum_{i=1}^{N} p(x_i)}。 \qquad (1.5)$$

由于 PD 既可能发生在工频电压的正半周，也可能发生在其负半周，为了区分二者的分布差异，往往分别计算这两个半周期的统计矩，并通过相似系数 cc 来表征其形状的相似程度，如式（1.6）所示。此外，也有学者采用相位不对称度 Φ 来描述这种分布差异[49]，如式（1.7）所示。

$$cc = \frac{\sum_{i=1}^{N} x_i^+ x_i^- - \frac{1}{N}\sum_{i=1}^{N} x_i^+ \sum_{i=1}^{N} x_i^-}{\sqrt{\left[\sum_{i=1}^{N}(x_i^+)^2 - \frac{1}{N}(\sum_{i=1}^{N} x_i^+)^2\right] - \left[\sum_{i=1}^{N}(x_i^-)^2 - \frac{1}{N}(\sum_{i=1}^{N} x_i^-)^2\right]}},$$
$$(1.6)$$

$$\Phi = \frac{\varphi_{in}^-}{\varphi_{in}^+}。 \qquad (1.7)$$

其中，符号"+""-"分别代表正负半周，φ_{in}^+、φ_{in}^-分别表示正负半周的起始相角。通过提取统计特征，PD信号可以用一个30维的特征参量来表征，它们分别为正负半周平均放电幅值、最大放电幅值和放电次数的均值、方差、斜偏度、陡峭度及正负半周的相位不对称度和相互系数（$3 \times 4 \times 2 + 3 + 3 = 30$）。

2）数据降维

采用相位窗法提取的高维特征也可以直接运用数据降维方法来降低特征参量的维度。在PRPD模式下，常用的数据降维方法包括主成分分析（Principal Component Analysis，PCA）、核主成分分析（Kernel Principal Component Analysis，KPCA）及t分布随机近邻嵌入（t-Distributed Stochastic Neighbor Embedding，t-SNE）等[48]。

PCA是一种常用的统计分析方法，它通过线性组合的方式将高维数据投影到低维。假设原始数据是一个m行n列的矩阵$X \in \mathbf{R}^{m \times n}$，其中$m$表示样本维度，$n$表示样本个数。PCA首先将矩阵$X$标准化，然后计算其协方差矩阵$C = (1/n) \, X X^T$的特征值和特征向量：

$$CM = \lambda M, \tag{1.8}$$

其中，X^T表示X的转置，M表示C的前d个较大的特征值对应的特征向量构成的线性组合，满足$M \in \mathbf{R}^{m \times d}$。那么原始样本点$x_i$的低维表征$y_i$可以通过线性组合$Y_{pca} = M^T X \in \mathbf{R}^{d \times n}$得到。

KPCA是在PCA的基础上发展而来的一种非线性特征提取方法。它首先采用核函数将原始数据由数据空间映射到某个高维空间（常称为特征空间），然后在特征空间实现PCA。假设 $\{ x_1, x_2, \cdots, x_M \}$ 为训练样本集合，相应的映射为Φ。KPCA首先通过映射Φ将数据点x_i转换到特征空间，并使得特征空间中的数据满足$\sum\limits_{i=1}^{M} \Phi(x_i) = 0$，然后计算特征空间中协方差矩阵$C = \dfrac{1}{M} \sum\limits_{i=1}^{M} \Phi(x_i) \Phi(x_i)^T$的特征值和特征向量。进一步定义核函数为：

$$K_{ij} = \Phi(x_i) \cdot \Phi(x_j) = k(x_i, x_j), \tag{1.9}$$

原始样本点x_i的低维表征y_i最终表示为：

$$y_i = \left\{ \sum\limits_{j=1}^{M} \alpha_1(j) k(x_i, x_j), \cdots, \sum\limits_{j=1}^{M} \alpha_d(j) k(x_i, x_j) \right\}。 \tag{1.10}$$

t-SNE是在SNE算法基础上发展起来的一种数据降维方法[50]。该方法的出发点为：在高维空间相似的数据点，映射到低维空间时也应保持其相似性，t-SNE把这种相似性用条件密度来表征。对于高维空间的样本点x_i和

x_j，定义 x_i 以条件概率 $p_{j|i}$ 选择 x_j 作为其邻近点，x_j 越靠近 x_i，则 $p_{j|i}$ 的值越大，反之 $p_{j|i}$ 的值越小。当数据映射到低维空间后，高维数据的相似性应该在低维空间上体现出来。定义 x_i 和 x_j 在低维空间的映射点分别为 y_i 和 y_j，它们之间的相似度用 $q_{j|i}$ 表示。若考虑 x_i 与其他所有样本点之间的相似度，则可以构成条件概率分布 P_i，同理在低维空间有概率分布 Q_i。为了度量这 2 个分布之间的相似性，t-SNE 采用 Kullback-Leibler（KL）距离对其进行表征，对所有数据点最小化 KL 距离，就可以将高维数据降维。通常采用梯度下降法最小化如下代价函数实现：

$$C = \sum_i \mathrm{KL}(P_i \parallel Q_i) = \sum_i \sum_j p_{j|i} \log \frac{p_{j|i}}{q_{j|i}}。 \tag{1.11}$$

在文献［48］中，Ma 等首先将工频相角分成 200 个相位小窗，并从每个小窗提取 3 个特征，得到一个 600 维的特征参量。然后分别采用 PCA、KPCA 和 SNE 将特征参量降低到 7 维。

3）分形特征

分形学由 Mandelbrot 于 20 世纪 80 年代创立，它常被用于许多自然图像的数学模拟。分形几何学认为，复杂体的维数可以是分数，因而用非整数去描绘对象的粗糙度，从不同尺度表征对象的几何特性。由于 PD 常被看作是一种具有复杂形状的自然现象，因此可以采用分形学直观地描述三维 PRPD 谱图。1995 年，Krivda 等[51-52]首次将分形学用于 PD 的识别，并采用放电指纹的分维数和空缺率作为 PD 特征参量。1998 年，Lalitha 等[53]采用分形图像压缩技术处理 PD 放电指纹，不仅有效识别了 PD 类型，而且大大降低了数据存储量。2008 年，Li 等[54]提出了一种四叉树分割分形图像压缩技术，并验证了其在 PD 模式识别中的有效性。2013 年，Hung 等[55]提出了一种基于分形特征的拓展方法，有效地对现场采集的 PD 信号进行了分类识别。

4）图像处理

由原始 PD 信号构造放电图像 $H_n(q, \varphi)$（将三维 $\varphi - q - n$ 谱图投影到 $q - \varphi$ 平面，n 对应灰度值）[56]，某些图像处理算法就能够用于提取谱图的分类特征。多尺度小波变换是一种比较常用的图像分解算法，二维离散小波分解可以用图 1.3 表示[57]。图中，g 和 h 分别表示小波高通滤波器和低通滤波器，x 和 y 分别表示按行滤波和按列滤波。经过多尺度小波变换后，原始图像 $I(x, y)$ 可以用四幅子图 LL、LH、HL、HH 表示。其中，LL 表示图像水平和垂直方向的概貌；LH 表示图像水平方向的概貌和垂直方向的细节；HL 表示图像水平方向的细节和垂直方向的概貌；HH 表示图像水平和垂直方向的细节。在文献［58］中，Lalitha 等从第三层重构得到的水平、垂直分量中提取 PD 特征，有效地表征了 PD。

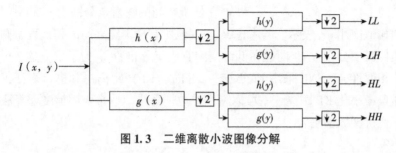

图 1.3　二维离散小波图像分解

（2）TRPD

TRPD 模式主要分析单次 PD 的波形数据，为了保证得到的波形信号不失真，它要求采集设备必须满足一定的带宽和采样率。由于脉冲电流法和光检测法的波形形状主要由采集设备决定，与 PD 过程的关联度较低，因而这种分析模式多用于 UHF 法[3]。与 PRPD 模式相比，TRPD 模式具有诸多优点。首先，潜伏性缺陷类型与 UHFPD 波形存在直接关联。其次，UHFPD 波形的变化可以用于辅助发现设备的绝缘老化[59]。此外，TRPD 模式不需要参考测试设备的电压相角。该模式的主要分析手段包括时域分析法、频域分析法和时频分析法。

1）时域分析法

时域分析法运用的是信号在时域内的波形特征，如脉冲幅值、脉冲上升时间、脉冲下降时间、脉冲宽度和脉冲面积等。也有学者直接利用 PCA 或 KPCA 等方法对原始波形数据降维，并用所得低维特征表征 PD[60]。由于 UHF PD 信号的采样频率较高，因而工程上一般提取其包络信号的时域特征。在文献［2］中，李立学对 UHF PD 进行包络检波，并采用刻画包络波形的若干个参量表征 PD。

2）频域分析法

频域分析法是将时域信号经时频变换后提取其频域范围内的参数，如带宽、频峰、均值、方差及频谱的统计算子等。在文献［61］中，Pattanadech 等将 UHF PD 信号频谱分成 6 个子频段，分别提取这 6 个子频谱的斜偏度和陡峭度，并采用 PCA 对所提取的 12 维特征参量降维，最终得到表征 PD 的 4 维特征参量。

3）时频分析法

时频分析法则是综合利用了信号的时域和频域特征，通常采用小波变换（Wavelet Transform，WT）、小波包变换（Wavelet Package Transform，WPT）或 S 变换（Stockwell Transform，ST）等时频变换方法对信号进行分解，并依据分解所得时频信息选取特征量。在文献［62］中，Evagorou 等对 PD 信号进行小波分解，并以不同尺度下小波系数的统计矩表征 PD。在文献［63］中，唐炬等对 UHF PD 信号进行小波分解，并基于 Birge-Massart 阈值策略提取各尺度小波系数的有效极大值，组成极大值矩阵，进一步对极大值矩阵进行奇异值分解，最终以奇异值作为特征量。该课题组随后又采用小波包分解替代小波分解，对上述特征提取算法进行了改进[64]。在文献［65］中，Li 等对 UHF PD 信号进行小波包分解，并从分解后的小波包系数中提取多尺度分维数和能量参数。在文献［66］中，Liao 等采用自适应最优核时频表征技术获取 UHF PD 信号的时频信息，并通过非负矩阵分解和 PCA 构造 PD 特征量。在文献［67］中，汪可等对 UHF PD 信号进行 S 变换，并对 S 变换幅值矩阵进行非负矩阵分解，从而得到频域基向量和时频位置向量，进一步提取尖锐度、导数平方和、信息熵及稀疏度作为特征量。在文献［68］中，Zhu 等求取 UHF PD 信号的时域和频域累积能量曲线的形态学梯度，从而提取累积能量曲线的宽度、面积及形态学梯度的尖锐度。

（3）非时间非相位分析模式

非时间非相位分析模式目前应用得较少，主要分为 Δu 和 $\Delta u/\Delta t$ 模式。它通过记录多个工频周期内 PD 的施加电压和脉冲幅值来描述 PD。这种分析模式多用于脉冲电流法和光检测法，也有用于 UHF 法的例子。在文献［69］中，丁登伟等为了避免 PRPD 模式对电压相位的依赖，依据对 UHFPD 信号的幅值序列和时间间隔的处理，提取了 9 个与相位无关的并具有明确物理意义的参量来描述 5 种典型的 PD。

为了更清晰地了解目前常用的 PD 特征提取方法和其对应的分析模式，表 1.2 对上文所述 PD 特征提取方法进行了总结。依据不同的 PD 检测方法，常用的 PD 分析模式可以大致分为 4 种类型，其中非时间非相位模式较少使用，气体组分分析模式一般特指化学检测法，TRPD 和 PRPD 是目前使用最多的 PD 分析模式。PRPD 模式利用的是 PD 的统计特征，不依赖数据采集设备，因而该模式在多种检测技术中得到应用。值得注意的是，PRPD 模式需要参考采集设备的电压相角，而工程应用中 GIS 内部高压母线的同步相位信号并不容易得到。此外，多源 PD 的存在也会给这种分析模式带来干扰；TRPD 利用的是 PD 的波形特征，该方法多用于 UHF 法且具有诸多优点。但是它要求采样系统必须满足一定的采样率和带宽，因此可能带来数据存储量庞大及后续计算复杂的麻烦。

针对这两种最常用的 PD 分析模式，特征提取方法可以大致分为统计分析和信号处理分析 2 类。统计分析一般不对信号做特殊处理，信号处理分析则可以分为信号分解和数据降维 2 类。这些特征提取方法各有优缺点：数据降维（如 PCA、KPCA、t-SNE）能够使得数据更直观，后续计算也更方便。但是数据降维主要是对原始特征进行线性或者非线性组合，因此很难说明所得特征参量的物理含义。相比之下，采用统计分析和信号分解（如 DWT、WPT、ST）所提取的特征参量一般具有明确的物理意义，通常能达到更好的识别效果[48]。

表 1.2　局部放电特征提取方法

数据类型	特征提取方法		主要数据来源
单次 PD 波形（TRPD）	脉冲/脉冲包络形状	DWT、WPT、ST	脉冲电流法
		PCA、KPCA、t-SNE	UHF 法
多次 PD 统计信息（PRPD）	相位窗法	PCA、KPCA、t-SNE	脉冲电流法 声测法
	统计特征	分形学、小波图像分解	UHF 法 脉冲电流法
非时间非相位	$\Delta u/\Delta t$、Δu	—	光检测法 声测法
气体组分	产气率、组分浓度比		化学检测法

1.2.2.2　模式识别分类器设计

当 PD 信号被特征参量表征后，通过设计合适的分类器就能对 PD 进行分类，并依据分类结果识别潜伏性缺陷类型。依据分类原理，常用的 PD 分类器包括：距离分类器、统计分类器、决策树、模糊逻辑分类器、神经网络及支持向量机等。

（1）距离分类器

距离分类器在 PD 分类中应用较为广泛，其原理简单易懂，即同一类别的样本在模式空间中聚集在一定的区域，而其他类别的样本则聚集在其他区域。常以样本之间的距离度量两者的相似性，并作为分类器设计的基准。欧几里得距离、曼哈坦距离、闵可夫斯基距离及角度相似函数是最常用的几种距离函数定义形式。常见的距离分类器有最小距离分类器、最近邻分类器、百分比分类器、多项式分类器及聚类算法等。其中，聚类算法又包括：K 均值、模糊 C 均值、DBSCAN 及层次聚类等。

文献［70］设计了 GIS 中常见的几种缺陷，以 PRPD 模式所提取的 60 个特征参量表征 PD，并对比分析了最小距离分类器、百分比分类器、多项式分类器与贝叶斯分类器的分类效果。结果表明，这些分类器的分类效果与参考数据库密切相关。当参考样本较少时，最小距离分类器、百分比分类器及多项式分类器的识别效果较差，相比之下，贝叶斯分类器有更好的识别效果。

文献［71］基于连续脉冲的幅值和时间间隔，提取了表征 UHF PD 信号的 9 个特征参量，K 均值聚类结果显示，不同缺陷下这个 9 个参量分布差异明显。文献［72］基于 PD 信号自相关函数之间的相似性，采用 K 均值有效地分开了 PD 和噪声。文献［73］采集油纸绝缘系统的 PD 数据，在 PRPD 模式下提取了表征故障的 26 个参量，并通过 PCA 将特征参量降低到 11 维，最后分别分析了模糊 C 均值、核模糊 C 均值及概率模糊 C 均值的分类效果。结果表明：3 种聚类方法中，概率模糊 C 均值能够达到最好的分类效果，且 PCA 能够有效提高 3 种聚类方法的分类效果。

文献［74］对 PD 波形数据进行小波分解，以各尺度小波系数的能量表征 PD，得到一个 6 维参量，进一步利用 PCA 将特征量降低到 3 维，最终利用 DBSCAN 聚类分析。与 K 均值聚类相比，DBSCAN 不需要指定聚类个数，且能够识别非球形的簇。文献［60］通过时–频变换和 PCA 将原始波形的 5000 维数据降低到 6 维，并应用层次聚类分析 PD 信号，层次聚类虽然能够达到不错的聚类效果但是其计算复杂度较大，并且需要提前指定最优类别个数。

聚类分析是一种无监督的分类算法，主要针对训练样本标签未知的情况。不同的聚类方法各有优缺点，特别地，使用多种聚类方法联合识别故障往往能达到更好的效果。

（2）统计分类器

用于 PD 分类的统计分类器主要包括贝叶斯分类器和识别率分类器[49]。贝叶斯分类器的分类原理是利用对象的先验概率和贝叶斯公式计算其后验概率，选择具有最大后验概率的类作为对象所属类。该方法需要利用观察数据的某些统计属性，是最小误差率意义上的优化。识别率分类器以统计运算为基础，对于某已知的 PD 源，首先计算其每个特征（特征参量的每一个元素）的统计算子（算术平均值和标准差），然后据此计算这些特征置信度为 95% 的置信区间。对于未知的 PD，如果其某一特征落在对应的置信区间，则记录该特征并得 1 分。对该 PD 所有的特征重复上述过程，记录最终得分。分别计算未知 PD 对所有已知 PD 源的得分，选择具有最高得分的类作为对象所属类。

（3）决策树

决策树是一种在已知各类情况发生概率的基础上，通过评价项目风险，构建决策分支的图解法分类器。决策树中的每个内部节点代表一个属性上的测试，每个叶节点代表一种类别，每一个由根节点到叶节点的路径代表一种分类规则。不像神经网络或者支持向量机，决策树是一种更简单和直观的分类器，其在PD分类中的应用也较多。文献［34］采用决策树识别4种不同类型的PD，文献［75］采用决策树分离多PD源，文献［76］采用决策树识别固体绝缘材料内空穴的尺寸。

（4）模糊逻辑分类器

利用模糊逻辑分类器对PD分类主要是基于大量的PD特征参量适合用模糊变量表示。将特征参量映射到其对应的模糊集，并用事先设定好的逻辑规则进行判断，最后通过反模糊化得到实际所属类别[77]。

文献［78］选取在放电量、脉冲上升时间、脉冲下降时间、脉冲宽度及脉冲面积等参量作为特征参量，系统研究了模糊逻辑分类器对PD的识别能力。初步结果显示，对于简单的PD源，模糊逻辑能够达到接近神经网络的分类效果。但是对于实际故障，还需采用更精细的隶属度函数去描述特征参量。

（5）神经网络

神经网络是PD识别中最常用的分类器之一。它通过调节内部大量节点之间的连接关系和权重值来实现信息处理，是一种模拟人脑结构和功能的数学模型。神经网络通常包含输入层、输出层及一个或多个隐藏层。神经网络中的节点（神经元）分别以不同的权值与前一层和后一层的节点相连。输入层的神经元通常被认为是输入特征量，而输出层的神经元被认为是决策类。相比于其他分类器，该方法具有诸多优点，如自组织、自适应、自学习及较强的容错性和鲁棒性。但是该方法也存在其不足之处，当样本量较少时，网络得不到充分训练，容易导致高误差率；当样本较多时，网络学习收敛困难；当样本维度较高时，容易过学习。常用的神经网络包括反向传播神经网络、KOHONEN自组织特征映射神经网络、径向基神经网络及级联神经网络等[79]。

文献［80］对2003年以前神经网络在PD识别中的应用做了详细的回顾，其分析结果表明：相比于KOHONEN自组织特征映射神经网络和学习矢量量化神经网络，反向传播神经网络具有更快的学习速度和更好的识别能力，作为神经网络输入的特征参量对识别效果影响很大。

（6）支持向量机

支持向量机（Support Vector Machine，SVM）是一种基于结构风险最小化的机器学习理论，它通过非线性映射将数据转换到高维空间，并在高维空间构造线性判别函数来实现分类，因而对非线性和高维数据具有很好的适应性，在许多领域被认为是最好的分类器之一。

文献［81］研究了不同输入参量下 SVM 对 PD 的识别能力并对模型的泛化能力展开讨论。文献［82］设计了高度模拟现场故障的 3 类 PD，并从 PD信号的功率谱密度中提取 SVM 输入参量，不仅有效识别了 PD 类型，而且成功地分离开 PD 和噪声。文献［15］以 UHFPD 信号的累积能量和视在放电量为 SVM 输入参量，并采用模拟退火算法对模型进行优化，有效提高了数据更新速率和分类器的适应能力。文献［83］提到相同的输入参量下 SVM 具有比反向传播神经网络和自组织神经网络更好的分类表现。

如上文所述，现有的 PD 模式识别方法种类繁多，优劣各异。这些分类算法通过对类别已知样本的训练获得 PD 数据与 PD 类型的数学关系，为了保证算法具有理想的泛化能力，训练样本需要包含尽可能多的不同类型的 PD。同时，分类准确率不仅与分类器本身的参数设定有关，还与所选的特征参量密切相关。大量研究表明，这些诊断模型在处理实验室数据时大多具有不错的表现，但是对现场 PD 的分类往往无法达到预期效果，目前还没有哪一种算法能够真正做到在没有人工介入的情况下实现现场 PD 的准确识别[84]。影响 PD准确分类的原因较多，如实际 GIS 与模拟设备的差异，现场环境与实验室环境的差异等。可以说 PD 诊断方法依然是值得继续深入研究的课题。

1.3　目前存在的问题及主要研究内容

1.3.1　目前存在的问题

随着电网规模的不断扩大，尤其是特高压工程在我国的进一步投运，GIS等 SF$_6$ 气体绝缘设备在电力系统中的应用比例将逐步增大，有关 GIS 绝缘状况评估方法的研究将成为行业的焦点，而 PD 的检测与诊断作为 GIS 绝缘状况评估的有效途径将扮演至关重要的角色。同时，随着设备维护方式从"定期检修"到"状态检修"的逐步过渡，PD 的检修模式也将从出厂检测、带电检测向在线监测发展。然而，由于 PD 在线监测技术的不成熟及相关准入机制和测试标准的缺乏，近年来甚至出现了由于在线监测设备本身故障而导致主设备被迫停运的状况。这一状况的出现也使得带电检测再次成为研究的热点。但是，无论是在线监测还是带电检测其目的都是为了准确、有效地发现和诊断设备故障。因此，对PD检测技术与诊断方法进行持续而深入的研究是解决问题的根本。

在众多的PD检测技术中，UHF法是相对成熟的在线监测方法，具有检测灵敏度高、抗干扰能力强等诸多优点；化学分析法在PD的定性识别方面具有天然的优势，在PD的辨识方面也具有巨大的潜力，是近年来的研究热点。可以说，化学法和UHF法分别是PD带电检测和在线监测技术的重要组成部分。虽然有关这2种检测方法的研究在近些年取得了大量的研究成果，但是仍然无法完全满足工程现场的应用需求。因此，为进一步提高PD检测与诊断的精度，本文对这2种检测方法中的若干问题展开深入研究，主要包括：

（1）UHF PD信号的干扰抑制问题

工程现场复杂的电磁环境和各类噪声会严重降低UHF PD信号的信噪比[43,85-87]，不仅可能导致检测系统漏报、误报还会影响后续的模式识别[88]，这是PD现场检测面临的关键问题之一。对现场干扰进行有效抑制对提升UHF检测系统的可靠性、准确性非常重要[89]。但是大多数噪声抑制算法针对的都是某种特定类型的噪声[85-86,90-91]，并不能有效去除实际电网数据中的复杂干扰，并且某些算法还存在过度去噪而导致原始信号中有效信息丢失的问题。

（2）UHF PD信号的模式识别问题

噪声干扰是影响PD准确分类的主要因素之一。采用合适的噪声抑制方法对传感器采集的原始信号去噪可以有效提高信号的信噪比，在一定程度上减小噪声对分类的影响，但是去噪并不能完全消除信号中的干扰成分。此外，当实测信号的信噪比极低时，很多噪声抑制算法都无法有效去除信号中的干扰成分，还可能因过度去噪而导致有效信息丢失，继而降低模式识别的准确率。

（3）SF_6特征分解组分的选取与检测问题

SF_6分解过程复杂、分解组分繁多，对PD具有表征作用的组分常被称为特征组分，特征组分是PD检测与诊断的数据支撑。一方面，由于PD机制的复杂性，特征组分的选取问题一直没有统一的结论；另外一方面，虽然依赖于实验室高精度的气体分析设备，GIS内的分解气体能够得到全面、精确的分析，并为PD的检测与诊断提供丰富的参考信息，但是实验室检测会导致检测结论滞后，也会增加检测的成本。相比之下，现场检测具有更好的时效性，但是常用的分解物现场检测技术受限于自身的检测原理，能够检测的组分相对较少，检测精度也不高，目前还很难满足工程现场连续、可靠运行的要求。

1.3.2 主要研究内容

针对 UHF 法和化学法在 PD 检测与诊断中目前普遍关注的几个问题，本文的主要研究内容如下：

（1）UHF PD 信号的噪声抑制

针对现有 UHF PD 噪声抑制算法的不足，提出一种新的去噪算法以同时去除信号中的多类噪声并极大地保留有效信号。采用所提算法对仿真数据和模拟实验数据进行分析并与目前常用的几种去噪方法进行对比，对本文所提方法的有效性进行评估。

（2）基于 UHF PD 波形的 PD 分类

针对 UHF PD 信号分类算法在受到现场噪声干扰后分类准确率下降的问题，研究在不对 UHF PD 信号去噪的情况下，通过选择合适的特征参量和对分类器进行合理优化，实现强背景噪声下的 PD 分类。

（3）局部放电下 SF_6 分解机制及特性

为选取合适的特征分解组分，从 SF_6 分解机制入手，通过搭建 PD 模拟实验平台，进行 4 种典型缺陷下的 SF_6 分解实验，分析 SF_6 分解组分的生成特性，探寻适合表征 PD 并且适合现场检测的典型气体。

（4）基于 SF_6 分解物分析的 PD 现场检测技术

通过对比分析现有的分解物检测技术，研究一种适用于现场的特征组分检测方法，并给出该方法的最低检测限。针对现场检测背景噪声复杂，自动化程度要求较高的特点，研究一种针对该检测技术的自适应信号去噪方法，提升该检测技术的现场应用能力。

1.3.3 本书结构

本书的结构安排如图 1.4 所示。其中，第一章介绍选题背景与意义、国内外研究现状及本文的主要研究内容。重点分析了目前常用的 PD 检测技术与诊断方法的优缺点，并引出对于 UHF 法和化学法学术界普遍关注的几个问题；第二章设计和开展了不同缺陷下的局部放电模拟实验，收集了大量的 UHF PD 数据和 SF_6 分解物组分信息，对局部放电下 SF_6 分解物的生成特性及 UHF PD 信号的时频特征展开分析；第三章提出了一种 UHF PD 信号去噪算法，提高 UHF PD 信号的信噪比，仿真数据和模拟实验数据证明了该算法的有效性；第四章提出了一种 UHF PD 信号模式识别算法，并分析了训练样本个数和噪声对该分类算法的影响。实验数据证明，该方法在不对原始信号去噪的情况下依然能够通过少量样本得到较好的分类效果；第五章对比分析了现有的SF_6分解组分检测技术，据此提出了基于紫外光谱检测技术的PD预警方法和相应的光谱去噪算法，同时设计实验获取了该算法的精度和检测限；第六章总结全文工作及主要结论，并提出以后工作的展望。

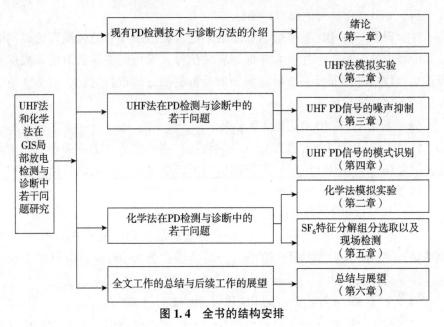

图1.4　全书的结构安排

第二章 局部放电模拟实验

观测数据是故障检测与诊断的基本依据。由于实际 GIS 可靠性较高，绝缘劣化过程缓慢，且不易在其内部构造绝缘缺陷，采用实际 GIS 进行实验很难获得完备的实验数据。因此，本文采用人工模拟缺陷，在小型实验平台上进行 2 种检测方法的模拟实验，并对收集的实验数据进行深入分析。

2.1 典型人工缺陷模型的设计

本书第一章详细介绍了 GIS 内部常见的 4 种绝缘缺陷及其产生的主要原因，为研究这 4 种绝缘缺陷所诱发的 PD 的特性，本章依据文献［33］，对这 4 种缺陷进行人工模拟。

（1）金属突出物缺陷（Metal Protrusion Defect，MP-defect）

本文采用距离可调的针-板电极模型模拟 MP 型缺陷。该模型由针电极和板电极两部分组成。其中，针电极用于模拟高压导体突出物，制作材质为铝；板电极为一块 Bruce 电极，用于模拟 GIS 外壳，制作材质为不锈钢。由于针电极较为尖锐，因此在尖头部位极易形成高场强区，从而诱发 PD。模型的各部分尺寸分别为：针尖曲率半径为 0.3 mm；板电极厚度为 10 mm，直径为 120 mm；针-板间距为 12 mm。MP 型缺陷模型及其实物如图 2.1 所示。

（2）绝缘子气隙缺陷（Insulator Gap Defect，IG-defect）

绝缘子气隙缺陷可分为绝缘子外部气隙缺陷和绝缘子内部气隙缺陷。其中，绝缘子内部气隙缺陷一般不会导致 SF_6 气体发生分解。因此，以绝缘子外部气隙缺陷为代表，并采用两块尺寸相同的 Bruce 电极和一块圆形的环氧树脂进行模拟。其中，两块 Bruce 电极经打磨后，电极中间可以产生近似均匀的电场，上极板的制作材质为铝，下极板的制作材质为不锈钢；环氧树脂用于模拟 GIS 内部支撑绝缘子，在环氧树脂上表面与上极板间打磨出约 2 mm 的弧形向内凹陷的缝隙，将环氧树脂下表面与下极板用环氧树脂胶严密黏合。模型各部分尺寸分别为：Bruce 电极直径为 120 mm，厚度为 10mm；环氧树脂直径为 140 mm，厚度为 15 mm。IG 型缺陷模型及其实物如图 2.2 所示。

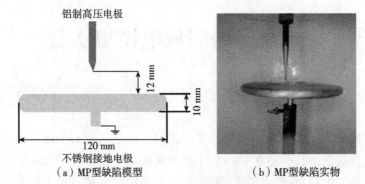

（a）MP型缺陷模型　　　　　　　　（b）MP型缺陷实物

图 2.1　金属突出物缺陷模型及其实物

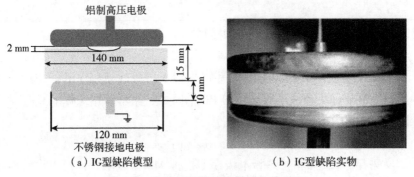

（a）IG型缺陷模型　　　　　　　　（b）IG型缺陷实物

图 2.2　绝缘子气隙缺陷模型及其实物

（3）绝缘子表面金属污秽缺陷（Metal Contamination Defect，MC-defect）

采用两块尺寸相同的 Bruce 电极、一块圆形环氧树脂和一块长方形铜片模拟 MC 型缺陷。经打磨后，两块 Bruce 电极间可以形成近似均匀的电场，其中上极板的制作材料为铝，下极板的制作材料为不锈钢。采用环氧树脂胶将圆形环氧树脂上下两端分别与两块 Bruce 电极严密黏合，同时将铜片黏附于环氧树脂表面，用以模拟附着于绝缘子表面的金属污秽。模型各部分尺寸分别为：Bruce 电极直径为 120 mm，厚度为 10 mm；环氧树脂直径为 60 mm，厚度为 28 mm；铜片长度为 12 mm，宽度为 5 mm。MC 型缺陷模型及其实物如图 2.3 所示。

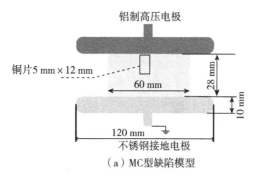

（a）MC型缺陷模型　　　　　　　　（b）MC型缺陷实物

图2.3　绝缘子表面金属污秽缺陷模型及其实物

（4）自由金属颗粒缺陷（Free Particle Defect，FP-defect）

采用球-碗电极模型模拟 FP 型缺陷。该模型由 3 个部分组成，分别为：球形电极、碗状电极和金属颗粒。其中，球形电极用于模拟高压导体，制作材料为铝；碗状电极用于模拟 GIS 外壳，制作材料为不锈钢；金属颗粒用于模拟自由颗粒物，制作材料为铜。为更好地模拟实际状况，对球-碗电极进行仔细打磨，使其内部形成近似均匀的电场。将金属颗粒物置于碗状电极底部，颗粒物会在强电场的作用下感应电荷，并在电场力的作用下发生跳动，从而导致电极间绝缘被部分导通，诱发局部放电。模型的各部分尺寸分别为：球形电极直径约 30 mm；碗状电极直径约 120 mm；金属颗粒通过剪裁铜线获得，直径约 0.5 mm，长度 1.5~2 mm。FP 型缺陷模型及其实物如图 2.4 所示。

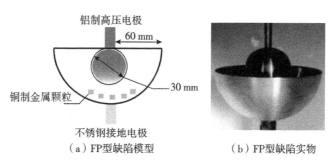

（a）FP型缺陷模型　　　　　　　　（b）FP型缺陷实物

图2.4　自由金属颗粒缺陷模型及其实物

2.2　超高频法模拟实验系统

超高频法模拟实验的接线原理[92]和实物分别如图 2.5、图 2.6 所示。实验输入电压为 220 V，经工频电压调节器后电压输出范围为 0~250 V，继续通过隔离变压器和无晕变压器升压后，加在人工缺陷两端的实验电压最高可达70 kV。

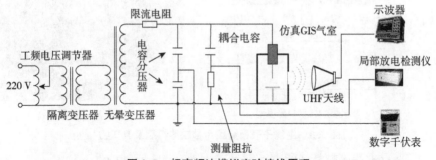

图2.5 超高频法模拟实验接线原理

图2.6 超高频法模拟实验接线实物

图2.5中，仿真GIS气室是实际GIS的简化模型，其模型和实物如图2.7所示。该气室用于放置不同类型的人工缺陷，其制作材料为不锈钢，容积约为20 L。气室内壁经专业打磨和钝化处理以提高其抗腐蚀、防吸附能力，内壁平均厚度超过15 mm。经测试，气室能够承受超过0.5 MPa的气压。气室左右两侧分别设有进气口和出气口，用于充放SF_6气体。其中，进气口外接压力表，用于实时显示气室内部压强。气室前侧设有可拆卸的石英观察窗，用于置换人工缺陷，同时也便于电磁波信号从气室内部传播到气室外部。UHF天线为外置式喇叭天线，其增益为11 dB，用于接收PD产生的电磁波信号；示波器带宽为2 GHz，最高采样频率为10 GS/s，用于采集和存储电磁波波形信号；局部放电检测仪可测电容量范围为6 pF～250 μF，用于检测PD脉冲电流信号及PD放电量；数字千伏表的测量范围为0～100 kV，用于测量和显示高压侧实时电压。各仪表的详细参数如表2.1所示。

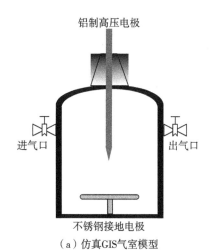

铝制高压电极

进气口　　　　出气口

不锈钢接地电极

（a）仿真 GIS 气室模型

（b）仿真 GIS 气室实物

图 2.7　仿真 GIS 气室模型及其实物

表 2.1　超高频模拟实验系统各仪表详细参数

装置名称	型号	参数
工频电压调节器	CZX-10 kVA	输出电压 0~250 V
隔离变压器	GLB-10	额定容量 10 kVA，0~250 V 间 1∶1 变比
无晕变压器	YDBJ	额定容量 10 kVA，变压比 1000，最高输出电压 100 kV，局放量<5 pC
限流电阻	—	10 kΩ
电容分压器	WJ-F100	分压比 5148，额定电压 100 kV
耦合电容器	WJ-C100	电容量 497 pF，额定电压 100 kV
测量阻抗	JF	调谐范围 400 pF~6000 pF
数字式局部放电仪	JFD-1C	可测试品电容量范围 6 pF~250 μF
数字示波器	LeCroy WaveRunner 204Xi-A	带宽 2 GHz，最高采样率 10 GS/s
校准脉冲发生器	JZF-10	5 PC、10 PC、20 PC、50 PC 共 4 档校正电量

2.2.1　超高频法模拟实验过程

实验在广西电力科学研究院高压实验大厅开展，由于 GIS 设备的绝缘性能与气室内 SF_6 气体压力密切相关，因此实验前需严格检查仿真气室的气密性，保证其漏气率低于 0.01%。同时，由于 UHF 法本质上属于电测法，即使不加任何绝缘缺陷，如果设备本身设计制作不合格也可能在加压实验时产生

PD。因此，实验前也必须对设备本身 PD 进行测试。经测试，即使加压至 50 kV，本实验系统依然没有检测到 PD。前期准备工作完成后，实验的具体流程如下：

（1）清洗仿真 GIS 气室

实验前，首先打开观察窗（石英玻璃），用无水酒精认真擦洗气室内壁和人工缺陷，去除其表面吸附的异物和杂质。然后将人工缺陷固定于气室内部，并关闭观察窗。对气室抽真空，并向其内部充入 SF$_6$ 气体（纯度 99.9%）至常压，再次将气室抽真空，如此反复冲洗多次，带走气室内部的微量水分和氧气。

（2）充入新气

选用高纯度的工业 SF$_6$ 气体（纯度 99.99%），充入已抽真空的仿真气室，直至预设气压值（0.3 Mpa）。静置 3~6 小时，观察压力表，发现气室内部压力无明显变化，说明气室密封性符合要求可以继续实验。若气室内部压力下降明显，则需采用 SF$_6$ 红外检漏仪检测气路接口和紧固螺钉等部位气密性。

（3）实验接线

按图 2.5 连接各仪表、器件。接线完成后认真检查接线回路，确定所有设备的接地端都已严格接地，并与高压大厅接地网相连。

（4）数字式局部放电检测仪标定

由于脉冲电流法是目前唯一拥有国际标准的 PD 检测方法，能够测量视在放电量，采用数字式局部放电检测仪能够方便地观察放电是否发生并对放电的严重程度做出评估。因此，参考 IEC60270 标准，采用校准脉冲发生器对数字式局部放电检测仪校准。

（5）加压实验

在确保接线正确后，接通电源，缓慢升高电压，若局部放电检测仪和示波器同时检测到清晰的 PD 脉冲，记录此时数字千伏表显示电压，以该电压为放电起始电压，继续升压至起始电压的 1.2 倍，以此电压为稳定放电电压。

（6）数据采集

PD 是随机发生的，只有当示波器检测到的信号幅值超过设定的触发阈值后才认为 PD 发生。根据经验，保存两分钟内的 PD 电磁波波形数据（每次触发，记录接下来 1 μs 内的数据），同时保存这两分钟内局部放电检测仪记录的数据。

（7）气体回收

缓慢降低电压至 0 V，回收仿真气室内 SF$_6$气体，取出缺陷。

（8）重复实验

采用新的人工缺陷，重复步骤（1）~步骤（7），直到所有的缺陷都实验完毕。

（9）结束实验

缓慢降低电压至 0 V，拆除接线，清理气室，将所有仪表放回原处，以便下次实验使用。

2.2.2　超高频法模拟实验结果

根据 2.2.1 节所述实验步骤，分别进行 4 种缺陷下的局部放电模拟实验，详细的实验条件设定如表 2.2 所示。采用示波器记录不同缺陷所产生的 PD 电磁波波形信号，获得 UHF 法数据库。

表 2.2　实验条件设定

缺陷类型	初始放电电压/kV	稳定放电电压/kV	气室压力/MPa
金属突出物 MP-defect	38.3	46.0	0.3
绝缘子外部气隙 IG-defect	46.2	55.5	0.3
绝缘子表面金属污秽 MC-defect	41.5	49.8	0.3
自由金属颗粒 FP-defect	42.6	51.12	0.3

由表 2.2 可知，MP 型缺陷的初始放电电压最低，说明该类缺陷最容易诱发 PD，MC 型缺陷和 FP 型缺陷的初始放电电压比较接近，略高于 MP 型缺陷，IG 型缺陷的初始放电电压最高。进一步通过局部放电检测仪发现，MP 型缺陷的初始放电量最低，说明该类缺陷最为稳定，而 IG 型缺陷的初始放电量最高，说明该类缺陷在故障初期就可能对设备造成较大程度的破坏。需要注意的是，MC 型缺陷虽然不会在放电初期对设备造成严重破坏，但是随着故障的持续，该类缺陷极易引发绝缘子表面闪络，导致设备直接被击穿。

图 2.8、图 2.9 分别为 4 类缺陷下 UHF PD 信号典型的时域波形和其对应的频谱。对比分析 4 类 UHF PD 信号的波形和频谱，不难发现：

（1）不同类型的 UHF PD 信号，其时域波形在概貌上较为相似，但是在细节上大不相同。信号中 PD 脉冲都具有陡峭的上升沿和相对平缓的下降沿，并且具有明显的衰减震荡特性。此外，PD 脉冲只存在于整个时域的部分区域，虽然其幅值要高于背景噪声，但是并不容易直接通过人工阈值将二者严格区分。

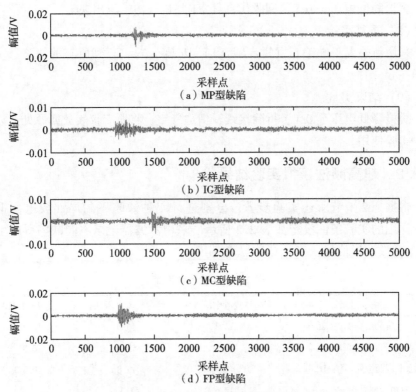

图 2.8　UHF PD 信号的时域波形

（2）不同类型的 UHF PD 信号，其频谱差异明显，但是有用信号主要都集中在 0.3 GHz ~ 1 GHz，仅 IG 型缺陷在大于 1 GHz 的区域也存在明显的有效信号。4 类 UHF PD 信号均在 900 MHz ~ 1000 MHz 的区域存在一个较大的频峰。由于实验现场有工作人员接打电话，推断该频峰是由通信干扰造成。虽然实验现场电磁环境相对简单，但是干扰仍然无法完全避免。

（3）UHF PD 信号在时 – 频域上的差异性为 PD 的分类提供了有力依据，但是噪声会给脉冲的识别和 PD 的分类带来干扰。

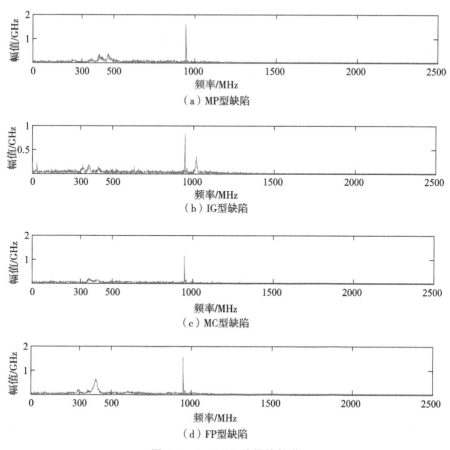

图 2.9 UHF PD 信号的频谱

2.3 化学法模拟实验系统

化学法模拟实验的接线原理和实物分别如图 2.10、图 2.11 所示。可以看到，实验的接线原理和超高频法的接线原理基本一致，同时在该实验中选用和超高频法相同的实验设备（如电容、电阻及局部放电检测仪等）。二者的不同之处在于：化学法针对的是 PD 的非电学累积特性，主要通过探寻 SF_6 分解物的生成特性与 PD 的映射关系来实现故障的检测与辨识，实验数据的获取依赖于气体成分检测设备。

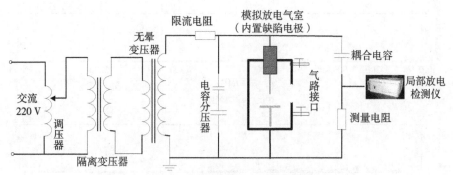

图 2.10 化学法模拟实验接线原理

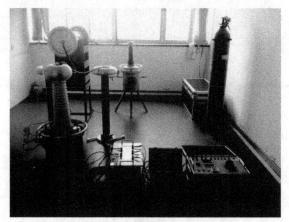

图 2.11 化学法模拟实验接线实物

2.3.1 气体采集与分解物检测设备

由于 SF_6 分解产物种类繁多、含量极低，且部分分解产物分子结构相似，因此很难对所有产物进行定量检测。已有研究成果表明，PD 下 SF_6 主要的分解产物有 7 种[33]，分别为：SOF_2、SO_2F_2、SOF_4、CO_2、CF_4、SO_2、HF。其中，HF 具有强腐蚀性，不宜检测；SOF_4 易水解，水解程度与气室内水分含量有关，在水分含量较高时甚至可能完全水解。SOF_2 虽然也会水解，但是反应速度相对较慢。因此，本文选择 SOF_2、SO_2F_2、SO_2、CO_2、CF_4 作为待测分解物，这些分解产物具有较强的代表性，且检测相对容易。

实验中，采用聚氟乙烯（PVF）采集袋收集仿真 GIS 气室内的分解气体，其容积为 1 L，实物如图 2.12 所示。PVF 薄膜具有优良的抗污染性、抗酸碱腐蚀性和极低的吸附性，适合长期贮存低浓度高化学活性的气体，被广泛用于石油化工、环保监测等领域。为方便取样和携带，采样袋上还装有高抗撕裂取样垫。此外，实验中所用到的导气管均为聚四氟乙烯材质，以减小吸附。

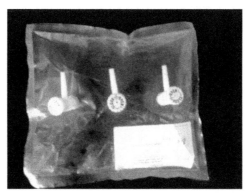

图 2.12 气体采样袋实物

对于采集的 SF_6 分解气体，实验中采用气相色谱仪（Gas Chromatography，GC）和气相色谱 - 质谱联用仪（Gas Chromatography/Mass Spectrometry，GC-MS）分别对其进行分析。其中，GC 系统检测的物质包括 CO_2、SOF_2 和 SO_2F_2；GC-MS 系统检测的物质包括 SO_2 和 CF_4。

气相色谱法是目前唯一被 IEC 和国标共同推荐的 SF_6 分解物检测方法，普遍认为该方法至少可以检测 O_2、CF_4、CO_2、SO_2F_2、SOF_2、H_2O、SO_2 等物质，但是也有学者指出，由于出峰时间比较接近，该方法难以区分 SOF_2、SF_4 及 SO_2F_2、SOF_4 两组物质。GC 系统基本结构如图 2.13 所示，首先，采集的气体样本被经过减压和净化处理的高压载气带入色谱柱，由于不同组分在气相色谱两相（固定相、流动相）中的分配系数不同，组分的移动速度不一，从色谱柱中析出的时间也因此不同，据此实现不同组分的分离。随后，通过选择合适的检测器，不同组分含量的电信号即可在终端上显示。

实验采用的 GC 系统为安捷伦 7890A 型，实物如图 2.14 所示。GC 系统中色谱柱和检测器是最为关键的单元，前者实现组分的分离，后者实现组分的量化分析。由于待检测的 SF_6 分解物总类较多，采用单一的色谱柱很难实现一次完全分离，因此本文采用 GS-Gaspro 毛细柱（柱流速为 2 mL/min，载气为高纯氮）和 PORAPORK Q 填充柱（柱压力为 30 psi，载气为高纯氮）并联分离样品，检测器则采用热导池检测器（Thermal Conductivity Detector，TCD）并联火焰光度检测器（Flame Photometric Detector，FPD）。

质谱仪具有较强的定性分析能力，GC-MS 结合了色谱和质谱的优势，也非常适合 SF_6 分解物的检测。GC-MS 系统的基本结构如图 2.15 所示，首先，样本气体进入气相色谱模块，在该模块内实现不同组分的分离；随后，不同组分分别进入质谱模块，并在高真空的离子源内转化为带电离子，这些带电离子在电场或磁场的作用下被分离；最后，被离子检测器检测并通过计算机系统显示。

实验采用的 GC-MS 系统为安捷伦 7890A-5975C 型，实物如图 2.16 所示。其中，MS 模块的离子源温度为 230 ℃，GC 模块的毛细管色谱柱为 60 m×0.32 mm J&W113-4362，固定相是 GS-GasPro。

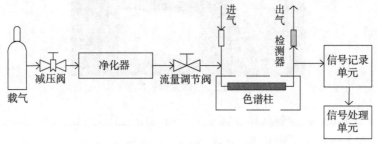

图 2.13　GC 系统基本结构

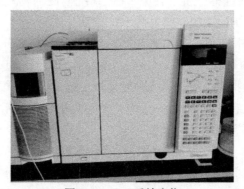

图 2.14　GC 系统实物

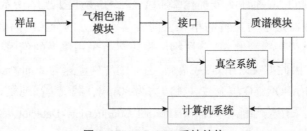

图 2.15　GC-MC 系统结构

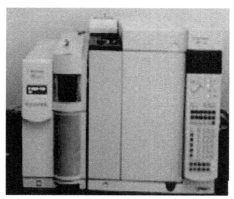

图 2.16　GC-MC 系统实物

2.3.2　局部放电下 SF_6 分解机制

国内外学者对局部放电下 SF_6 分解过程及分解机制做了大量的研究工作。英国学者 McGeehan 等[93]认为，局部放电下 SF_6 的分解主要由电子碰撞引起。由于 SF_6 为强负电性气体，其对电子的吸附能力较强，会与空间中的电子复合形成亚稳态的分子团 $(SF_6^-)^*$，在极短的时间内（25 μs），这个分子团会进一步生成负离子 SF_6^-、SF_5^- 和 F 原子，反应过程如式（2.1）—式（2.2）。

$$SF_6 + e^- \rightarrow (SF_6)^* \rightarrow SF_6^-, \tag{2.1}$$

$$SF_6 + e^- \rightarrow (SF_6)^* \rightarrow SF_5^- + F。 \tag{2.2}$$

当电场强度与分子密度的比值较低时（$E/N \approx 180$ Td），负离子 SF_6^- 会进一步与 SF_6 分子反应生成 SF_5^-，如式（2.3）所示。随着 E/N 的升高，SF_5^-、SF_6^-、SF_6 之间也会发生相互反应，生成 SF_5、SF_4 等低氟化物和 F^- 离子，反应过程如式（2.4）—式（2.5）所示。

$$SF_6^- + SF_6 \rightarrow SF_5^- + F + SF_6, \tag{2.3}$$

$$SF_5^- + SF_6 \rightarrow SF_4 + F^- + SF_6 + e^-, \tag{2.4}$$

$$SF_6^- + SF_6 \rightarrow F^- + SF_5 + SF_6。 \tag{2.5}$$

SF_5^-、SF_5、F^- 等物质的生成常被认为是 SF_6 开始分解的标志，当 E/N 的比值进一步升高（$E/N > 360$ Td）时，这些物质与 SF_6 分子之间还会继续发生相互反应，生成一系列的低价氟硫化物，如式（2.6）—式（2.7）所示。

$$SF_5^- + SF_6 \rightarrow F^- + SF_4 + SF_6, \tag{2.6}$$

$$SF_x^- + SF_6 \rightarrow F^- + SF_x + SF_5。 \tag{2.7}$$

式（2.7）中 $1 < x < 5$，生成的低价氟硫化物之间也会发生相互反应，其中

S_2F_{10} 被认为是最稳定的生成物，其生成过程如式（2.8）—式（2.9）所示。

$$SF_5 + SF_5 \rightarrow S_2F_{10}, \tag{2.8}$$

$$SF_4 + SF_6 \rightarrow S_2F_{10}。 \tag{2.9}$$

虽然 SF_6 气体的分解过程及主要的分解产物在学术界已经形成了基本的共识，但是其分解机制目前仍然没有统一的结论，为此研究者在此方面也进行了深入探讨，其中以美国国家标准局的 Van Brunt 等[25] 提出的"区域反应模型"最为著名。该模型如图 2.17 所示，整个模型分为三个区域，分别为辉光区（Glow Region）、离子漂移区（Ion Drift Region）和主气体区（Main Gas Volume）。

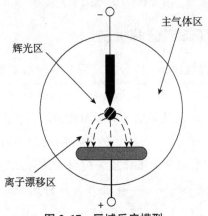

图 2.17　区域反应模型

（1）辉光区。辉光区的体积很小，一般认为其半径不超过针尖电极尖端半径的 4 倍，该区域电场强度很高，能量相当集中，SF_6、H_2O 及 O_2 分子会因电子碰撞而发生解离，形成离子、原子团及低价氟硫化物（主要以 SF_5 为主）等多种粒子，这些粒子也会在该区域相互反应，进一步生成 SOF_4、HF、SOF_2、S_2F_{10}、$S_2O_2F_{10}$ 等多种产物。主要反应如式（2.10）—式（2.25）所示。

电子碰撞离解

$$e^- + SF_6 \rightarrow SF_x + (6-x)F + e^-, \ x = 1, \cdots, 5 \tag{2.10}$$

$$e^- + H_2O \rightarrow O + OH + e^-, \tag{2.11}$$

$$e^- + O_2 \rightarrow O + O + e^-。 \tag{2.12}$$

游离电子吸附

$$e^- + SF_6 \rightarrow SF_y^- + (6-y)F, \ y = 5,6, \tag{2.13}$$

$$e^- + SF_6 \rightarrow F^- + SF_5, \tag{2.14}$$

SF_6 电离

$$e^- + SF_6 \rightarrow SF_z^+ + (6-z)F + 2e^-, \quad z = 1, \cdots, 5, \tag{2.15}$$

分解产物生成

$$SF_5 + O \rightarrow SOF_4 + F, \tag{2.16}$$

$$SF_5 + OH \rightarrow SOF_4 + HF, \tag{2.17}$$

$$2SF_4 + O_2 \rightarrow 2SOF_4, \tag{2.18}$$

$$SF_4 + O \rightarrow SOF_4, \tag{2.19}$$

$$SF_5 + SF_5 \rightarrow S_2F_{10}, \tag{2.20}$$

$$SF_5 + O \rightarrow SOF_5, \tag{2.21}$$

$$SOF_5 + SF_5 \rightarrow S_2OF_{10}, \tag{2.22}$$

$$SOF_5 + SOF_5 \rightarrow S_2O_2F_{10}, \tag{2.23}$$

$$SF_5 + O_2 \rightarrow SO_2F_5, \tag{2.24}$$

$$SF_5 + SO_2F_5 \rightarrow S_2O_2F_{10}。 \tag{2.25}$$

（2）离子漂移区。离子漂移区位于辉光区与平面电极之间，该区域发生的反应主要以电子吸附反应和离子-分子反应为主，这些反应对最终分解产物的影响较小，一些典型的反应如式（2.26）~式（2.27）所示。

$$SF_6^- + SOF_4 \rightarrow SOF_5^- + SF_5, \tag{2.26}$$

$$O_2^- + S \rightarrow O_2 + S^-。 \tag{2.27}$$

（3）主气体区。主气体区位于气室内壁与放电源之间的大部分区域。在辉光区反应生成的初级分解产物会逐步扩散到主气体区，然后与该区域的 H_2O 及 O_2 发生反应，生成多种次级分解产物。研究表明，该区域中的化学反应速率要低于辉光区，反应类型主要分为气相反应和表面反应，主要反应如式（2.28）—式（2.35）所示。

$$SOF_4 + H_2O \rightarrow SO_2F_2 + HF, \tag{2.28}$$

$$SF_2 + O_2 \rightarrow SO_2F_2, \tag{2.29}$$

$$SF_3 + O_2 \rightarrow SO_2F_2 + F, \tag{2.30}$$

$$SF_4 + H_2O \rightarrow SOF_2 + 2HF, \tag{2.31}$$

$$SF_4 + OH \rightarrow SOF_2 + HF + H, \tag{2.32}$$

$$SF_3 + OH \rightarrow SOF_2 + HF, \tag{2.33}$$

$$SF_x + O \rightarrow SOF_2 + (x-2)F, \quad x = 4, 3, 2, \tag{2.34}$$

$$SOF_2 + H_2O \rightarrow SO_2 + 2HF。 \tag{2.35}$$

通过上面的反应方程不难发现，局部放电下 SF_6 的分解过程异常复杂，分解产物种类繁多且生成规律与多种因素相关（如水、氧含量等）。此外，当反应涉及 GIS 内部的有机绝缘材料或金属材料时，一些副反应也会随之发生。常见的反应如式 (2.36) —式 (2.43) 所示。

$$C + 4F \rightarrow CF_4, \tag{2.36}$$

$$C + O_2 \rightarrow CO_2, \tag{2.37}$$

$$2C + O_2 \rightarrow CO, \tag{2.38}$$

$$M + xF \rightarrow MF_x, \tag{2.39}$$

$$2M + 2xHF + xO \rightarrow 2MF_x + xH_2O, \tag{2.40}$$

$$HF + SiO_2 \rightarrow SiF_4 + H_2O, \tag{2.41}$$

$$2SOF_2 + SiO_2 \rightarrow SiF_4 + 2SO_2, \tag{2.42}$$

$$3SOF_2 + Al_2O_3 \rightarrow 3SO_2 + 2AlF_3(粉末)。 \tag{2.43}$$

上式中，M 表示金属，C 元素可能来自有机绝缘材料（如环氧树脂）也可能来自金属材料（如不锈钢），Al_2O_3、SiO_2 是环氧树脂的填充材料。可见，局部放电会加速设备的绝缘劣化。

虽然三区域反应模型对 SF_6 在局部放电下的分解机制及分解过程做了全面的描述，也能够很好地解释实验结果，但是该模型是在负极性直流条件下，以针-板电极为缺陷模型提出，而在正极性直流或交流电压下，或者说其他类型的缺陷下，该模型的解释能力仍然有待进一步研究。

2.3.3 化学法模拟实验过程

为方便及时采集和分析 SF_6 分解物，该实验在广西电力科学研究院化学与环保所实验大厅展开。实验前的准备工作与 UHF 法一致，包括气室检漏及设备本身的 PD 测试。前期工作准备完毕后，具体的实验流程如下：

①用无水酒精仔细清洗气室内壁和绝缘缺陷，清洗完毕后将缺陷置于气室内部，关闭观察窗。然后，对气室抽真空并充入高纯 SF_6 气体至常压，静置一段时间后再次将气室抽真空，如此反复冲洗多次。

②采用色谱仪、微水测试仪等设备检测 SF_6 新气成分及其纯度，要求新气纯度不低于 99.99%，微水含量不得高于 DL/T 596—2005 行业标准[94]所要求的 500 μL/L。向已抽真空的气室充入符合标准的 SF_6 新气至指定气压值 (0.3 Mpa)，静置 3~6 小时发现压力表无明显变化后，从气室抽取少量气体，送实验室分析，检测结果如表 2.3 所示。从表 2.3 可以看出，SF_6 新气内的主要杂质包括 CF_4、CO_2、C_3F_8 和水分，硫氧氟化物的含量基本为零。虽然整个充气过程采取了很多必要的措施，但是仍然不可避免地带入了某些杂质，其中 CF_4、CO_2、C_3F_8 的含量有少许增加，水分含量增长了一倍多，不过

仍然低于 500 μL/L，满足继续实验的要求。

表 2.3 充入气室前后 SF₆新气的纯度测试结果（单位：μL/L）

	CF_4	C_3F_8	CO_2	SOF_2	SO_2F_2	SO_2	微水
SF₆新气	1.07	0.56	4.5	0	0	0	65
气室内部	1.39	0.61	6.96	0	0	0	170~300

③按图 2.10 接线，接线完成后仔细检查接线回路，保证所有设备的接地端已严格接地。

④按照 IEC60270 标准，标定数字式局部放电检测仪。

⑤接通电源，缓慢升高电压，当局部放电仪检测到清晰的 PD 脉冲后，记录此时数字千伏表显示电压，以该电压为放电起始电压，继续升压至起始电压的 1.2 倍，以此电压为稳定放电电压。连续放电 60 h，每 6 h 采集一次气体（约 600 ml），并立即送实验室分析。采气时暂停放电，若发现采气后气室内部压力减小过多，立刻补充新气，使气室压力维持在 0.3 MPa。

⑥缓慢降低电压至 0 V，回收废气，清洗气室，置换缺陷，重复步骤①~步骤⑤。

⑦全部缺陷测试完毕后，缓慢降低电压至 0 V，拆除接线，回收废气，清理气室，所有仪表、设备放回原处。

2.3.4 化学法模拟实验结果

依据 2.3.3 小节所示实验步骤，进行 4 种缺陷下的局部放电模拟实验，实验的条件设定与超高频法完全一致（表 2.2），对 SO_2F_2、SOF_2、SO_2、CF_4、CO_2 这 5 种主要稳定的分解产物进行分析。扣除新气中杂质气体的含量后，这些分解产物的浓度随放电时间的变化规律如图 2.18 所示。

从图 2.18 中不难发现：①金属突出物缺陷（MP）下，各类分解产物的生成量满足 $SOF_2>SO_2F_2>SO_2 \& CO_2>CF_4$。其中，$SOF_2$ 和 SO_2F_2 是最主要的分解产物，其含量要明显高于其他组分。SO_2 和 CO_2 的生成量相差不大，CF_4 的生成量最少。此外，分解物的总生成量要高于其他类型缺陷下分解物的总生成量。②绝缘子表面金属污秽缺陷（MC）下，各类分解产物的生成量满足 $SOF_2>SO_2F_2>CO_2>SO_2>CF_4$。其中，$SOF_2$ 和 SO_2F_2 仍然是最主要的分解产物，但是在 0~60 h 的时间范围内，SO_2F_2 与 CO_2 的最终生成量差别不大，CF_4 的含量则依然最低。③绝缘子外部气隙缺陷（IG）下，各类分解产物的生成量普遍较低，且满足 $SOF_2>CO_2>SO_2F_2>SO_2>CF_4$。其中，$SOF_2$、$CO_2$ 和 SO_2F_2

是最主要的分解产物，它们的生成量要明显大于 SO_2 和 CF_4，CF_4 的含量依然最低。④自由金属颗粒缺陷（FP）下，各类分解产物的生成量满足 $SOF_2>CF_4>SO_2F_2\&CO_2>SO_2$。其中，除了 SOF_2 的含量较高以外，其余分解物的含量都较低。与其他几种缺陷不同的是，此时的 CF_4 成为含量第二高的组分。

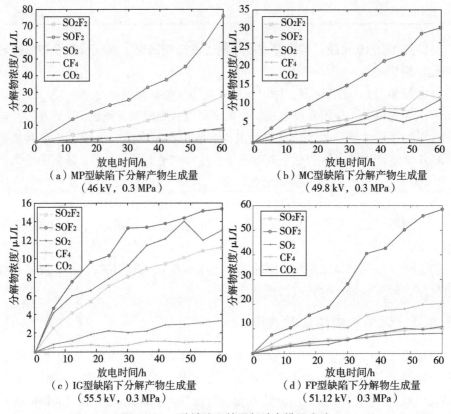

（a）MP型缺陷下分解产物生成量
（46 kV，0.3 MPa）

（b）MC型缺陷下分解产物生成量
（49.8 kV，0.3 MPa）

（c）IG型缺陷下分解产物生成量
（55.5 kV，0.3 MPa）

（d）FP型缺陷下分解物生成量
（51.12 kV，0.3 MPa）

图 2.18　4 种缺陷下的局部放电模拟实验

对比分析 4 种缺陷下各分解产物的生成过程，从本文实验中可以初步得到以下结论：

①不同缺陷下，各分解物的生成量及它们的总生成量差异明显，这说明分解产物的生成特性与缺陷类型有关。

②不同缺陷下，SOF_2 均是最主要的分解产物，可能因为 SOF_2 主要由 SF_4 与 H_2O 反应而来，而 SF_4 的生成需要较低的放电能量。

③当绝缘缺陷涉及固体绝缘材料时（MC 型缺陷和 IG 型缺陷），碳氧化物的含量比例明显增大。这可能因为固体绝缘材料中含有较多的碳元素。

④不同缺陷下，随着放电时间的增加，SOF_2、SO_2F_2、SO_2 和 CO_2 的含量

呈现出相对稳定的增长趋势。其中，MP 型缺陷、MC 型缺陷及 IG 型缺陷下，CF_4 的含量均是最低，并且没有表现出很强的规律性。

2.4 本章小结

本章首先介绍了局部放电模拟实验装置（仿真 GIS 气室、典型人工缺陷），随后对超高频法和化学法模拟实验的流程展开详细介绍。进一步，依据获取的实验数据，分析了 4 种典型缺陷下 UHF PD 波形的时频特征及 SF_6 主要稳定分解产物的生成规律。主要得到以下结论：

（1）4 种类型的 UHF PD 波形在时域上具有相似的概貌和不同的细节，在频域上则差异明显，这为 PD 的分类提供了有力依据。实验现场的通信噪声和白噪声会给 PD 脉冲的识别带来困难，可以预见的是，工程现场的噪声强度将会更大。

（2）PD 下 SF_6 的分解机制目前还没有统一的结论，但是其分解过程和对应的分解产物基本形成了统一的认识。研究表明，PD 下 SF_6 主要的分解产物包括 SOF_2、SO_2F_2、SOF_4、CO_2、CF_4、SO_2、IIF。其中，HF 具有强腐蚀性，不易监测，SOF_4 易水解，其他几种物质都有成为特征组分的可能。

（3）在 0~60 h 的放电时间内，各观测组分的浓度均呈现不同程度的增长，并且没有表现出饱和的趋势。不同缺陷下各组分的最终生成量存在较大差别，当反应涉及有机绝缘材料时，碳氧化物的含量比例会明显增加。

第三章　UHF PD 信号的噪声抑制

研究表明，在线获取的 UHF PD 信号通常会被 3 种类型的噪声所污染，它们分别为：周期性窄带噪声、脉冲型噪声及随机白噪声。其中，周期性窄带噪声主要来源于无线电通信，脉冲型噪声主要来源于可控硅设备动作、雷电及开关动作，白噪声则来源于现场的各种随机干扰。这些不同类型的噪声不仅可能导致 PD 脉冲被部分甚至被完全淹没，致使检测系统不能及时、有效地发现 PD[88]，还可能导致 PD 波形畸变，影响后续的模式识别。可以说，噪声干扰是导致 UHF 检测系统漏报、误报的主要因素之一。因此，干扰抑制对于提升 UHF 检测系统的可靠性非常重要。

目前用于 UHF PD 信号去噪的方法有很多种。其中，小波分析因其优异的时-频分辨特性得到了广泛应用[85-86]。该方法的去噪效果与小波基、小波分解层数及小波阈值的设定密切相关[95]。对于 UHF PD 信号，小波基与小波分解层数的选取已经取得了初步的结论[43,96]。但是由于 UHF PD 信号中常常存在强度和频率变化的窄带噪声，选取合适的小波阈值并不容易[97-98]。对 PD 信号先进行窄带噪声去除，进一步运用小波去噪是一种有效的解决方案。数学形态学滤波器常用于窄带噪声的去除[99]，通过选择合适的结构元素，该方法能够在频域上有效去除窄带噪声的"尖峰型"谱线。但是，在去除窄带噪声的同时，有效信号的频谱也会被一定程度地削弱。此外，该算法中结构元素的长度也不太容易设定。考虑到 PD 脉冲具有明显的非高斯特性，文献[100] 提出了一种基于谱峭度(Spectral Kurtosis, SK)和小波变换的UHF PD信号去噪方法，该方法能够自动识别 PD 脉冲在频域上的位置，实现多类噪声的同时去除。然而该方法的计算复杂度较大，当信号中同时存在多个不同类型的 PD 脉冲时，其识别效果也会受到较大影响。

在机械故障诊断领域，针对 SK 算法计算量大及受外界信号干扰严重的缺陷，文献[101] 提出了一种被称为 Protrugram 的改进算法，该方法能有效降低计算的复杂度，但是由于需要预先指定搜索频宽，其自适应性无法得到保证。受上述方法的启迪，本章提出一种基于改进 Protrugram 和小波变换的 UHF PD 信号去噪算法。该方法首先在频域上识别 PD 脉冲的中心频率；其次依据"峭度值"这一指标获得中心频率所对应的频宽，实现信号的初步去噪；最后采用小波去噪法去除信号中残留的白噪声，实现多类噪声的有效去除。

3.1　谱峭度

谱峭度的概念最初由 Dwyer 提出，并将其解释为功率谱密度的补充统计量，它能够有效揭示信号中的非平稳、非高斯成分，并在频域中将这些成分定位。PD 脉冲一般具有陡峭的上升沿和明显的振荡衰减特性，通常被认作是 UHF PD 信号中的突变成分，这使得依据 SK 在频域上识别 UHF PD 信号中的 PD 脉冲成分成为可能。

假设 $x(n)$ 是信号 $x(t)$ 的离散采样，采样周期为 1，对于长度为 N_w 的分析窗，若时间步长为 P，则信号 $x(n)$ 的短时傅里叶变换为：

$$X_w(kP, f) = \sum_{n=-\infty}^{+\infty} x(n)w(n - kP)e^{-j2\pi nf}, \tag{3.1}$$

$X_w(kP, f)$ 的二次经验谱为：

$$S_{2nX}(f) = [|X_w(kP, f)|^{2n}]_k, \tag{3.2}$$

算子 $[\cdots]$ 表示对所有下标 k 的平均时间算子。依据式（3.2），短时傅里叶变换的 SK 估计可以表示为：

$$K_X(f) = \frac{S_{4X}(f)}{S_{2X}(f)} - 2。 \tag{3.3}$$

依据式（3.2）和式（3.3），Dwyer 给出了频域谱峭度（Frequency Domain Kurtosis，FDK）的计算过程：将时间序列信号分成若干个长度相同的信号片段，分别计算每个信号片段的频谱，依据各信号片段的频谱计算每个频率分量的峭度。可见，FDK 的识别能力与窗口长度相关[102]，窗口长度太大不能保证时域分辨率，窗口长度太小不能保证频域分辨率。为确定突变成分所在频段往往需要对所有可能的窗长求 FDK，这无疑使得该方法的计算复杂度大大增加。

随后，Antoni[103] 给出了 SK 的正式定义并提出了一种快速谱峭度（Fast Kurtogram，FK）计算方法[104]。该方法与 Dwyer 所提方法的不同之处在于，Antoni 对信号从低频到高频依次进行窄带滤波，分别计算滤波信号的复包络的峭度值。这一改进使得 SK 的计算过程得到一定程度的简化，但是其结果往往不如 FDK 精确。

3.2 Protrugram 算法

FK 虽然能够自适应地定位突变信号所在频段，但是该方法并不适合处理具有随机脉冲特性的混合信号，并且容易受外部噪声的干扰，然而 UHF PD 信号恰巧具有这一特性。在保留 FK 大部分理念的基础上，文献［101］提出了一种被称为 Protrugram 的改进算法，其具体步骤如下：

（1）对原始信号作全局傅里叶变换，得到信号的频谱；

（2）依据先验知识，设定频宽 bw 和搜索步长 $step$；

（3）选定中心频率：由 $bw/2$ 频率开始依据步长 $step$ 向 $(fs/2 - bw/2)$ 平移 （fs 为采样频率）；

（4）确定窄带范围：$(cf - bw/2)$ 至 $(cf + bw/2)$（cf 为中心频率）；

（5）对窄带信号作傅里叶反变换，计算所得时域信号的包络解调谱；

（6）分别计算包络信号解调谱的峭度值，得到 Protrugram 向量；

（7）依据 Protrugram 向量确定故障诊断的最佳频带。

从 Protrugram 的实现流程可以看到，该方法通过预先设定频宽并改变中心频率的位置来实现整个频域的搜索，虽然大大降低了计算的复杂度，但也丢失了频段选择的自适应性，频宽和搜索步长的设定需要依赖研究者的先验知识。由于不同类型的 UHF PD 信号频谱差异明显，PD 脉冲的频宽各不相同，很难选择合适的频宽和搜索步长。Protrugram 算法虽然无法直接用于 PD 脉冲的频谱定位，但是给我们提供了一种新的思路，即依据不同中心频率和频宽的窄带信号的峭度值可以实现信号中突变成分的提取。

3.3 基于改进 Protrugram 和小波变换的 UHF PD 信号 去噪

3.3.1 自适应频谱定位

本书第二章给出了 4 种典型 UHF PD 信号的频谱图。直观上，PD 脉冲的频谱表现为以某一频率为中心，向左右两侧衰减的特征，中心频率处的幅值通常要高于边带部分，并且是频谱图上的极大值点；窄带噪声分布在 0.9 GHz~1 GHz，其频谱呈现出"脉冲"特征，并且幅值较大；白噪声则分布在整个频域，通常幅值较小。整体上，UHF PD 信号的频谱存在严重的局部抖动。

分析 UHF PD 信号的频谱不难发现，如果能够准确地提取 PD 脉冲的中心频率和对应频宽，那么就能在频域上对脉冲定位。因此，如何自适应地选取脉冲的中心频率和频宽成为脉冲定位的关键。

3.3.1.1　预处理

PD 脉冲的中心频率位于频谱图上幅值较大的极大值点处。由于窄带噪声在频域上的幅值一般会高于 PD 脉冲，如果依据幅值和极大值点位置来确定中心频率的话，窄带噪声极有可能被选中。因此，首先采用数学形态学滤波器抑制频域上窄带噪声的尖峰型谱线，作为脉冲中心频率提取的预处理过程。

数学形态学滤波是一种非线性的滤波算法[105]，它通过不停移动结构元素来提取有用信号。一般来讲，数学形态学运算包含 4 种基本变换：膨胀、腐蚀、形态开、形态闭。假设 $f(n)$ 和 $g(m)$ 分别表示一维离散信号和结构元素，上述 4 种变换可以表示为：

膨胀：
$$f \oplus g = \max\{f(n-m) + g(m)\},$$
$$\{(n-m) \in D_f, \ m \in D_g\}, \tag{3.4}$$

腐蚀：
$$f \ominus g = \min\{f(n+m) - g(m)\},$$
$$\{(n+m) \in D_f, \ m \in D_g\}, \tag{3.5}$$

形态开：
$$(f \circ g)(n) = (f \ominus g \oplus g)(n), \tag{3.6}$$

形态闭：
$$(f \cdot g)(n) = (f \oplus g \ominus g)(n)。 \tag{3.7}$$

式中，D_f、D_g 分别为 $f(n)$、$g(m)$ 的定义域，符号 $\oplus$、$\ominus$、$\circ$、$\cdot$ 分别表示膨胀、腐蚀、开、闭操作。形态开可以用来消除信号中的毛刺和孤立点，抑制正脉冲；形态闭可以用来填补信号的漏洞和裂缝，抑制负脉冲。实际应用中可以将形态开、形态闭变换级联使用，构造开-闭、闭-开操作，用于信号的去噪。也可以将膨胀、腐蚀级联使用，用于突变点检测，称为形态学梯度（Morphological Gradient, MG）。具体描述如下：

形态开-闭：
$$F_{OC}(f(n)) = (f \circ g \cdot g)(n), \tag{3.8}$$

形态闭-开：
$$F_{CO}(f(n)) = (f \cdot g \circ g)(n), \tag{3.9}$$

形态学梯度：
$$MG = (f \oplus g)(n) - (f \ominus g)(n)。 \tag{3.10}$$

形态开-闭和形态闭-开滤波器虽然可以同时滤除信号中的正负脉冲噪声，但存在统计偏倚现象，因为开运算的收缩性会导致开-闭滤波器的输出幅度较小，闭运算的扩张性会导致闭-开滤波器的输出幅值较大。因此，工程上多用开-闭、闭-开组合滤波，组成形态学滤波器：

$$F_{oc-co} = [F_{oc}(f(n)) + F_{co}(f(n))]/2 \text{ 。} \tag{3.11}$$

影响数学形态学算法滤波效果的参数包括结构元素的类型、幅值及长度。常用的结构元素有直线、半圆、余弦、三角及它们的结合等。文献［106］的研究结果表明：对于尖峰脉冲，余弦结构元素具有较好的滤波效果且不同幅值下均存在一个最佳的长度使得滤波后信号的信噪比达到最大，如果结构元素的长度太短，算法不能有效地去除窄带脉冲，结构元素的长度太长，有效的宽带脉冲将会被抹掉。依据其他学者的研究成果和测试经验，本文选择余弦型结构元素，设定幅值为0.1，长度为5。

3.3.1.2 脉冲中心频率和频宽确定

（1）包络提取

白噪声的存在会使得 UHF PD 信号的频谱出现一定程度的抖动，导致频谱上的极大值点个数增加，这无疑也不利于脉冲中心频率的提取。包络线是刻画谱图轮廓的有效工具，通过轮廓能够得到信号的外观，消除微小抖动引入的极大值点，因此可以对去除窄带后的频谱做上包络提取。由于一次包络得到的频谱其极值点个数仍然可能过多，因此本文建议采用1到2次包络提取。上包络可以通过对频谱上的所有极大值点进行三次样条插值获取，其表达式如下：

$$X_{\text{envelop}} = fit_{\text{spline}}(\max_{\text{local}}(\text{abs}(FreS))) \text{ 。} \tag{3.12}$$

式中，$FreS$ 表示信号的傅里叶变换频谱，abs 表示取绝对值运算，$\max_{\text{local}}$ 表示取局部极大值运算，$fit_{\text{spline}}(\cdots)$ 表示三次样条插值运算。

（2）包络谱阈值

本书3.3.1小节提到，PD 脉冲的中心频率位于谱图上幅值较大的极大值点处。虽然进行包络提取后，谱图上的极大值点个数明显减小，但是并不能排除所有低幅值的极大值点，因此，需要设定一个阈值来排除这些极大值点，以超过阈值的极大值点为候选中心频率，小于阈值的极大值点被认为是噪声引起的扰动。具体计算过程如下：

$$Candidate = Local\_max(find(Local\_max > thr)) \text{ 。} \tag{3.13}$$

式中，$Local\_max$ 表示所有的极大值点，thr 为阈值，$Candidate$ 表示候选中心频率。阈值的设置将在下文中详细说明。

（3）频宽选取

理论上，信号突变特性越明显，其峭度值越大。因此，各候选中心频率所对应的频宽可以通过如下方式确定：

①以获取的极大值点为候选中心频率，在原始谱图上加窗截取频谱，用截取的频谱作傅里叶反变换得到窄带信号。

②计算对应窄带信号的峭度值。

③逐步加大窗口宽度，重复步骤（1）和步骤（2），得到各中心频率下全部可变窗长度的窄带信号的峭度值，窗长变化的最大个数可用下式表示：

$$WindowNumber = \min\left\{ \text{floor}((cf-1)/\Delta b), \ \text{floor}((nfft/2 - cf)/\Delta b) \right\}。$$

(3.14)

式中，cf 表示候选中心频率在频谱中的位置，Δb 表示窗口宽度增量，$nfft$ 表示采样点数，floor 表示取整运算，min 表示取最小值运算。原则上 Δb 越小越好，但是 Δb 的值太小，相邻窄带信号的差异性得不到体现，本文设定 Δb 为 5。

④以峭度值最大时的频宽为各中心频率的频宽，即峭度值最大时，突变成分的频谱最"完备"。频宽的具体计算过程可用下式表示：

$$index(i) = find(kurtosis(i, :) = \max(kurtosis(i, :))),$$
$$Fre\_range(i) = \big[(cf(i) - \Delta b \times index(i)),$$
$$(cf(i) + \Delta b \times index(i))\big],$$
$$bandwidth(i) = FreS(Fre\_range(i))。$$

(3.15)

式中，$kurtosis(i, :)$ 表示中心频率 i 下全部可变窗长度的窄带信号的峭度值，max 表示取最大值运算，$bandwidth(i)$ 表示中心频率 i 所对应的频宽。

（4）高斯测试

从频宽的选择过程可以发现，这种自适应的频宽选择方法完全依赖于脉冲信号的突变特征，先决条件是候选中心频率必须准确。由于实际信号较为复杂，虽然采用了数学形态学滤波、包络提取等预处理方法，但是仍然不能保证所有的候选中心频率都是真实中心频率。主要原因包括：

①数学形态学滤波虽然能够有效抑制窄带噪声的脉冲型谱线，但是并不一定能够完全将其去除。因此仍然可能导致窄带噪声带来的强谱线被选中。

②如果包络谱的阈值选取过小，极有可能导致白噪声引入的极大值点被选中。

基于上述原因，本文提出对所有候选中心频率进行高斯测试。

对于一个均值为 μ，方差为 σ 的随机变量 X，切比雪夫不等式表明其分布区间满足以下不等式：

$$P\left\{X \in \left(\mu - \sqrt{\frac{\sigma}{1-q}}, \ \mu + \sqrt{\frac{\sigma}{1-q}}\right)\right\} > q,$$

(3.16)

式中，$q = 1 - (\sigma^2/\varepsilon^2)$，$\varepsilon > 0$，$\sigma^2/\varepsilon^2$ 充分小。假设 $x(t)$ 是随机变量 X 中一组均值为 0，个数为 N 的观测样本，且随机变量 X 符合高斯分布，那么 $x(t)$ 的峭度值的均值和方差的估计可以分别用式（3.17）和式（3.18）表示[107]。

$$\hat{m} \approx \frac{6}{N} , \tag{3.17}$$

$$\hat{s}^2 \approx \frac{24}{N} , \tag{3.18}$$

将式（3.17）和式（3.18）代入式（3.16）中，可以得到：

$$P\{\hat{\gamma}_4 \in I(N, q)\} > q ,$$

$$I(N, q) = \left(\frac{6}{N} - \sqrt{\frac{24}{N(1-q)}}, \frac{6}{N} + \sqrt{\frac{24}{N(1-q)}} \right) . \tag{3.19}$$

式中，$\hat{\gamma}_4$ 表示 $x(t)$ 的峭度值的估计。也就是说，当置信度 q 和信号长度 N 给定后，$\hat{\gamma}_4$ 的分布区间也因此确定。如果 $x(t)$ 的峭度值落入该区间，则认为该信号具有显著的高斯特性，需要被排除。由于每个候选中心频率对应多个不同窗长的窄带信号，在进行高斯测试时，只需考虑初始窄带信号的峭度值，即 $kurtosis(i, 1)$。若 $kurtosis(i, 1)$ 落入设定的区间，该极大值点就被判定为虚假中心频率。

3.3.2 白噪声去除

当脉冲的中心频率和频宽确定后，对选定频宽内的频谱进行傅里叶反变换即可得到初步滤波信号。由于白噪声分布在整个频域，脉冲信号所在频段内也会不可避免地混入白噪声，这里采用小波去噪法去除剩余的白噪声。小波阈值去噪可以分为以下 3 个步骤：

（1）小波分解

选定小波基函数和分解层数后，多尺度小波分解可以将信号分解为不同尺度的高频（HF）和低频（LF）部分，HF 对应信号的细节，LF 对应信号的概貌。典型的 3 层小波分解示意如图 3.1 所示。

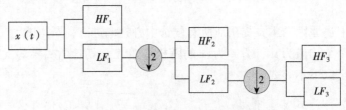

图 3.1　典型的 3 层小波分解示意

（2）小波阈值选取

小波分解具有很强的数据去相关性，能够使信号的能量集中在小波域内少量数值较大的小波系数上，而噪声却分布在整个小波域，其对应的小波系数数值也相对较小。因此，通过选择合适的小波阈值，将小于阈值的系数当作噪声部分予以去除可以达到噪声消除的目的。阈值选取的方法很多，包括固定阈值原则、无偏似然估计原则、极值阈值原则和启发式阈值原则等[108]。Donoho 等提出的广义阈值是目前被广泛使用的一种阈值选取方法，对分解后的尺度 j，该方法定义阈值的表达式如式（3.20）所示：

$$\lambda_j = \delta\sqrt{2\log(N_j)}，\tag{3.20}$$

式中，δ 为噪声标准差，N_j 为尺度 j 下小波系数的长度。一般情况下，δ 用式（3.21）近似。

$$\delta = \frac{m_j}{0.6745}。\tag{3.21}$$

式中，m_j 表示尺度 j 下小波系数的绝对中位差。

（3）信号重构

对各尺度下的小波系数进行阈值处理并进行小波逆变换即可对信号进行重构。常用的阈值处理方法包括软阈值和硬阈值，对于 UHF PD 信号工程上多采用硬阈值准则，其计算方式如下：

$$d_{ji}(\lambda_j) = \begin{cases} d_{ji}, & d_{ji} > \lambda_j, \ i = 1,2,\cdots,N_j \\ 0, & \text{其他} \end{cases}。\tag{3.22}$$

式中，d_{ji} 表示 j 尺度下小波系数的第 i 个值。

综上，根据其他学者的研究成果，本文选取与 UHF PD 信号相似度较高的 "sym8" 小波对信号进行 5 层分解[109]，采用 Donoho 广义阈值，硬阈值处理准则。

3.3.3　去噪流程

依据上文描述，本文所提算法的具体流程可以分为如下几步：

①对信号进行全局傅里叶变换，得到频谱；

②采用数学形态学滤波器抑制频谱中的窄带干扰；

③对步骤②所得频谱进行 1~2 次上包络提取；

④对步骤③所得包络谱，设定阈值，排除较小的极大值点，以余下的极

大值点为候选中心频率；

⑤设定窗口增量，以候选中心频率为对称轴，截断频谱，进行傅里叶反变换得到窄带信号并求其峭度值。对峭度值进行高斯测试，通过测试进行步骤⑥，否则跳转到步骤⑦；

⑥增大窗口宽度，计算全部可变窗长度下的窄带信号的峭度值；

⑦选取下一个中心频率，重复步骤⑤；

⑧以各中心频率下峭度值最大时的频宽为最终频宽；

⑨依据所选频宽，截取原始谱图的频谱，进行傅里叶反变换（考虑对称部分频谱），得到初步滤波信号；

⑩对初步滤波信号进行小波阈值去噪，得到最终结果。

3.4　仿真分析

（1）模拟信号

这里以双指数衰减振荡脉冲和单指数衰减振荡脉冲来模拟 UHF PD 信号[85]，其表达式分别为：

$$S_1 = A_1(e^{-1.3t/w_1} - e^{-2.2t/w_1})\sin(2\pi fc_1 t)，\tag{3.23}$$

$$S_2 = A_2 e^{-t/w_2}\sin(2\pi fc_2 t)，\tag{3.24}$$

$$S_3 = A_3(e^{-1.3t/w_3} - e^{-2.2t/w_3})\sin(2\pi fc_3 t)，\tag{3.25}$$

$$S_4 = A_4 e^{-t/w_4}\sin(2\pi fc_4 t)。\tag{3.26}$$

式中，A_1、A_2、A_3、A_4 为脉冲幅值，w_1、w_2、w_3、w_4 为衰减系数，fc_1、fc_2、fc_3、fc_4 为振荡频率。详细的参数设置如表 3.1 所示。

表 3.1　模拟信号的参数设置

脉冲类型	幅值/mV	衰减系数/ns	振荡频率/GHz	采样频率/GHz
S_1	1	10	0.3	20
S_2	0.4	5	0.6	20
S_3	1	10	1.0	20
S_4	0.4	5	1.5	20

将 S_1、S_2、S_3、S_4 连接组成一个多脉冲信号，用以模拟极短时间内同时发生多次 PD 的情况，信号的采样频率为 20 GHz，总采样点数为 3600，其中脉冲部分长度为 1600（单脉冲长 400），其余部分用 0 代替，模拟信号的时域波形及其频谱如图 3.2 所示。

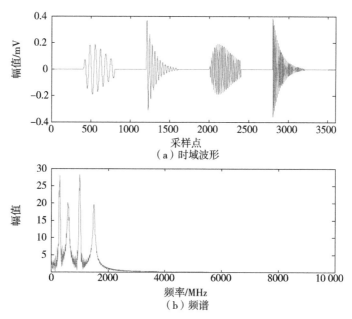

图 3.2　模拟信号的时域波形及其频谱

从图 3.2 可以看到，纯净的 UHF PD 信号具有平滑的频谱，PD 脉冲在振荡频率处的谱线具有较高的幅值，要明显高于边带部分。4 个脉冲在频域上的重叠区域则存在明显的抖动。

首先，采用 awgn 函数向上述模拟信号中加入高斯白噪声，使得信号的信噪比为 0 dB。然后，继续加入两个不同频率的正弦窄带噪声，窄带噪声的表达式如下：

$$ns = 0.1[\sin(2\pi fc_5 t) + \sin(2\pi fc_6 t)] , \qquad (3.27)$$

式中，fc_5、fc_6 表示窄带噪声的频率，分别设为 0.5 GHz 和 0.8 GHz。含噪模拟信号的时域波形及其频谱如图 3.3 所示。

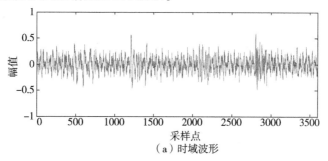

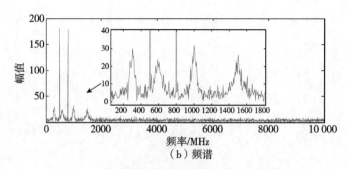

（b）频谱

图3.3　含噪模拟信号的时域波形及其频谱

从图3.3可以看到，加入高斯白噪声和窄带噪声后，在时域上已经很难分辨出PD脉冲的位置。在频域上，随着噪声的加入，脉冲信号的频谱在振荡频率附近出现了明显的波动，谱图上极大值点的个数也显著增加。

（2）算法参数设置

根据本文所提算法流程，首先需要设置的参数是包络谱的阈值。若阈值选取过小，则不能有效排除低幅值的极大值点，会增加计算的复杂度；若阈值选取过大，则可能导致微弱的脉冲被丢失。以包络谱上所有极大值点（由于包络提取可能导致负数谱线的出现，这里默认为选择幅值大于0的极大值点）的均值为阈值是一种比较直观的做法。以上述模拟信号为例，首先对信号频谱进行窄带噪声抑制，随后进行两次包络提取，分别以包络谱上所有极大值点的均值、2倍均值及3倍均值为阈值，阈值的具体计算方法如下：

$$FreS\_envelop = envelop_2(MMG(FreS)),$$
$$Local\_max = extrema(FreS\_envelop),$$
$$Index = find(Local\_max > 0),$$
$$Threshold = mul \times mean(Local\_max(Index)), \ mul = [1, 3]。 \quad (3.28)$$

式中，$FreS$表示信号频谱，MMG表示数学形态学滤波，$envelop_2$表示两次上包络提取，$extrema$表示求极大值运算，$mean$表示求均值运算，mul为阈值乘子。不同阈值下的候选极大值点如图3.4所示。

从图3.4可以看到，对原始谱图进行数学形态学滤波后，窄带噪声的强谱线被抑制，PD脉冲的谱线得到有效突显。两次包络提取后频谱变得平滑，能够比较准确地反映原始信号的频谱轮廓。图3.4（a）中，当阈值乘子为1时，4个脉冲均被选中，但是也引入了3个虚假中心频率，虽然这3个极值点可能无法通过后续的高斯测试，但是会增加计算的复杂度；图3.4（b）中，当阈值乘子为2时，4个脉冲均被选中，并且没有引入虚假中心频率；

图 3.4 （c） 中，当阈值乘子为 3 时，只有 2 个脉冲被选中，另外 2 个脉冲的信息被丢失。因此，为更好地保留有效信号，本文建议阈值乘子的取值范围为 $[1, 2]$。

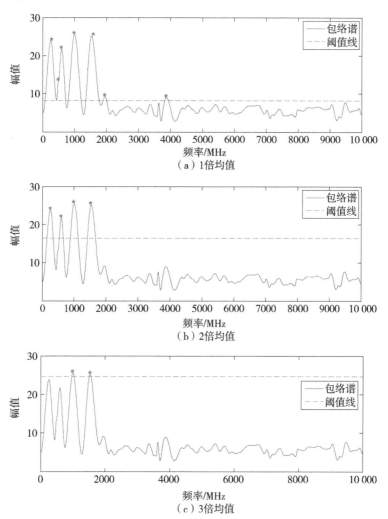

图 3.4　不同阈值下的候选极大值点

第二个需要设定的参数是高斯测试时的置信度。置信度越大，对应的置信区间也就越大，高斯测试越严格。但是当置信区间太大时，某些不具有显著高斯特性的有效信号也可能会被排除。为选择合适的置信度，随机生成 100 组高斯白噪声、100 组不同频率（0~3 GHz）的窄带噪声和 100 组仅含白噪声的 PD 信号（以 S_3 为例，信噪比为 0 dB，脉冲部分长度为 400），所有信号的长度均为 3600，幅值均为 1 mV，分别计算它们的峭度值，结果如图 3.5 所示。

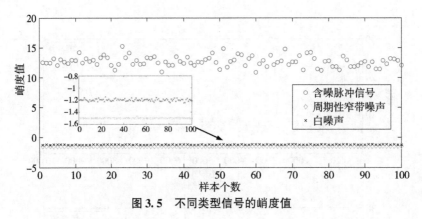

图 3.5　不同类型信号的峭度值

由图 3.5 可以看出，当信号长度为 3600 时，随机白噪声和窄带噪声的峭度值均小于 0，且在一个很小的范围内波动。相比之下，含噪脉冲信号的峭度值要明显大于上述两类噪声。当置信度 q 取 0.998 时，高斯测试的范围为 $[-1.82, 1.83]$，两类噪声恰好能够同时被排除，而脉冲信号得到保留。因此，本文设定 q 为 0.998。

（3）仿真分析结果

本小节采用所提算法对仿真信号进行去噪。首先，采用数学形态学滤波器抑制图 3.3（b）中窄带噪声的脉冲型谱线，结果如图 3.6（a）所示。可以看到，谱图上窄带噪声的尖峰型谱线被完全去除，4 个脉冲得到突显，但是谱图存在明显的局部抖动。进一步对频谱做 2 次上包络提取，结果如图 3.6（b）所示。不难发现，通过包络提取，谱图的轮廓更加清晰，局部极大值点的个数明显减少，脉冲信号中心频率的位置也基本没有发生改变，但是包络谱上仍然存在一些低幅值的极大值点。当设定阈值乘子为 2 时，得到了 4 个候选中心频率（分界线上圆圈部分），一些幅值较低的极大值点则被有效排除（黑色圆圈部分）。

对这 4 个候选中心频率，分别进行高斯测试，计算所有可变窗长度下窄带信号的峭度值，结果如图 3.7 所示。

从图 3.7 可以看到，候选中心频率在频谱上的位置不同，可变窗口的个数也因此不同。随着窗口宽度的增加，峭度值呈现先增后减的趋势。所得的 4 个候选中心频率，它们的初始峭度值均不在区间 $[-1.82, 1.83]$ 内，因此判定这 4 个候选中心频率全部为真实中心频率，它们各自对应的频宽则通过式

（3.15）求取。

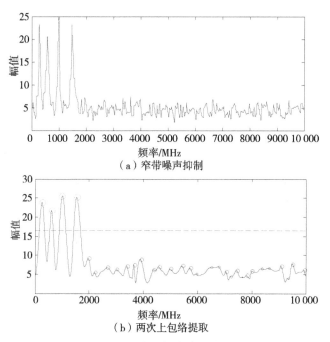

（a）窄带噪声抑制

（b）两次上包络提取

图 3.6 中心频率选取结果

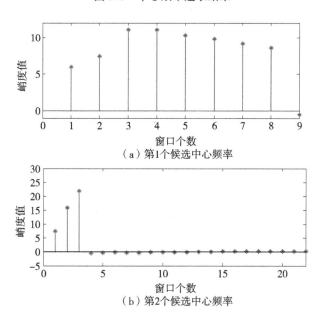

（a）第1个候选中心频率

（b）第2个候选中心频率

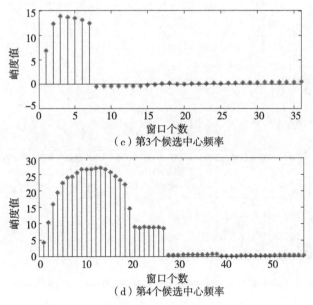

（c）第3个候选中心频率

（d）第4个候选中心频率

图3.7 全部可变窗长度下窄带信号的峭度值

依据获得的中心频率和频宽对原始信号进行滤波，得到初步滤波信号和其频谱，如图3.8所示。不难发现，经过滤波后大部分的噪声已经被有效去除，4个脉冲隐约可见。由于采用频谱截断的方式，离中心频率较远的低幅值频谱信息被丢失，但并不影响脉冲的整体识别。

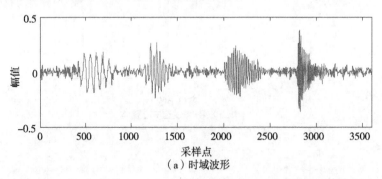

（a）时域波形

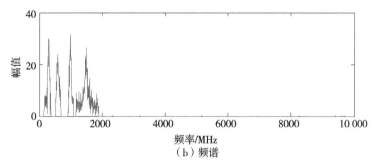

图 3.8　初步滤波信号

进一步采用小波去噪法去除初步滤波信号中残留的白噪声，结果如图 3.9 所示。可以看到，经小波去噪后，4 个脉冲在时域上的位置已经非常清晰。即使脉冲 S_2 和脉冲 S_4 的幅值较低，本文所提算法依然很好地保留了这 2 个脉冲的大部分信息，只是信号的"拖尾"信息略有丢失。谱图上，窄带噪声的强谱线被完全去除，同时有用信号得到了极大的保留。

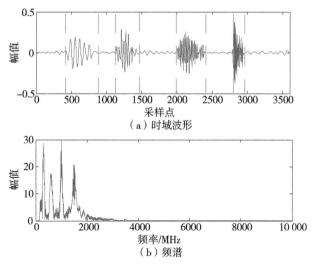

图 3.9　最终滤波信号

（4）算法评价

为验证本文所提方法的有效性，选择单纯的小波去噪法与之进行对比。同样，设定小波基为"sym8"，分解层数为 5，采用 Donoho 广义阈值，硬阈值处理准则。性能评价指标包括信噪比（SNR）、均方根误差（RMSE）和波形相似系数（NCC），其计算公式分别为：

$$SNR(\text{dB}) = 10 \lg \frac{\sum_{n=1}^{N} s^2(n)}{\sum_{n=1}^{N} [s(n) - y(n)]^2}, \tag{3.29}$$

$$RMSE = \sqrt{\frac{\sum_{n=1}^{N} (s(n) - y(n))^2}{N}}, \tag{3.30}$$

$$NCC = \frac{\sum_{n=1}^{N} s(n)y(n)}{\sqrt{\left[\sum_{n=1}^{N} s^2(n)\right]\left[\sum_{n=1}^{N} y^2(n)\right]}}。 \tag{3.31}$$

式中，$s(n)$ 表示无噪信号，$y(n)$ 表示去噪后信号，N 表示信号长度。SNR 表示信号成分与噪声成分的能量比，其值越大去噪效果越好。$RMSE$ 表示去噪后信号与无噪信号的幅值差异，其值越小去噪效果越好。NCC 表示去噪后信号与无噪信号的相似程度，其值域为 $[-1, 1]$。$NCC = 1$ 表示去噪后信号与无噪信号的波形完全相同；$NCC = -1$ 表示去噪后信号与无噪信号的波形完全相反；$NCC = 0$ 则表示去噪后信号与无噪信号的波形正交。

采用小波去噪法对含噪信号进行处理，去噪后信号的波形及其频谱如图 3.10 所示。从图 3.10 可以看到，虽然小波去噪法去除了原始信号中的窄带噪声，但是由于设定的阈值过大，脉冲 S_2、S_3 被完全抹掉。

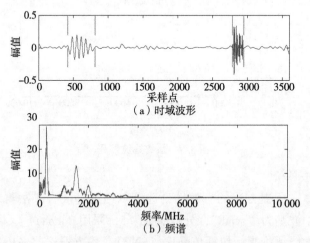

图 3.10　小波去噪法去噪结果

本书所提算法与小波去噪法的性能对比如表 3.2 所示。表 3.2 中，本文所提算法的三项性能指标全部优于单纯的小波去噪法，明显具有更好的去噪效果。

表 3.2　本文所提算法与小波去噪法的性能对比

方法	SNR（dB）	NCC	RMSE
本书所提算法	**7.31**	**0.90**	**0.028**
小波去噪法	1.80	0.62	0.051

（5）算法的泛化能力讨论

为说明本文所提算法对其他样本的通用性，向不含噪的脉冲信号中加入不同强度的白噪声，使得信号的信噪比分别为 -5 dB、5 dB 和 10 dB，继续加入式（3.26）所示窄带噪声，得到 3 组同时包含白噪声和窄带噪声的模拟信号。首先，采用本文所提方法求取这 3 组模拟信号的候选中心频率，这里进行两次包络提取，阈值乘子设定为 2，结果如图 3.11 所示。从图 3.11（c）和图 3.11（d）可以看到，当信号的信噪比较高时（5 dB、10 dB），两次包络提取使得频谱异常平滑，但是某些脉冲信号对应的极大值点也被抹去。相比之下，当信号的信噪比较低时（-5 dB），两次包络提取后脉冲信号对应的极大值点全都得到保留，但是选取的阈值会偏大。主要原因为：包络提取的过程是不断抹去幅值较小的极大值点，保留幅值较大的极大值点来刻画谱图的轮廓，如果原始频谱本身比较平滑，谱图上的极大值点个数较少的话，低幅值的脉冲信息就会很快被抹去；如果原始频谱本身抖动比较严重，谱图上的极大值点个数较多的话，首先被抹去的是白噪声带入的幅值更低的极大值点。

表 3.3　本文所提算法处理不同信噪比模拟信号时算法的参数设置

信噪比/dB	包络提取次数	阈值乘子
-5	2	1
0	2	2
5	1	2
10	1	2

因此，本书在算法介绍中建议包络提取的次数为 1~2 次，阈值乘子的取值范围为 [1, 2]，这两个参数的设置与原始信号的信噪比相关。具体说来，对于信噪比较低的信号（0 dB 以下），建议加大包络提取次数，降低阈值；对于信噪比较高的信号（0 dB 以上），建议减小包络提取次数，提高阈

值。因此，对上述 3 组模拟信号进行去噪时算法的参数设置如表 3.3 所示。

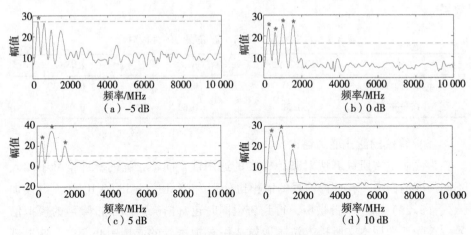

（a）–5 dB

（b）0 dB

（c）5 dB

（d）10 dB

图 3.11 不同信噪比模拟信号的候选中心频率

对上述不同信噪比的模拟信号，本文所提算法和小波去噪法的去噪结果分别如图 3.12、图 3.13 所示。

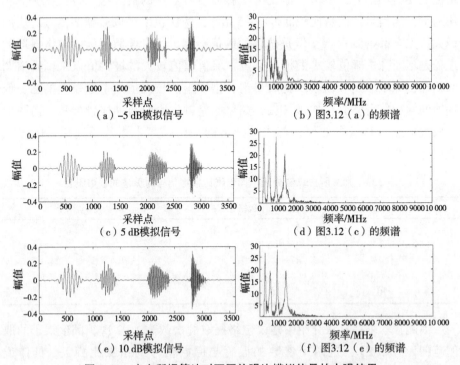

（a）–5 dB模拟信号

（b）图3.12（a）的频谱

（c）5 dB模拟信号

（d）图3.12（c）的频谱

（e）10 dB模拟信号

（f）图3.12（e）的频谱

图 3.12 本文所提算法对不同信噪比模拟信号的去噪结果

　　从图 3.12 和图 3.13 可以看到，通过设置合适的参数，本文所提算法对不同噪声等级的模拟信号均具有不错的处理效果，即使模拟信号的信噪比低至 −5dB，该算法依然很好地识别到了 4 个脉冲的存在，而小波去噪算法则无法识别脉冲 S_2 和 S_3，甚至脉冲 S_4 的大部分信息也被丢失。此外，由于窄带噪声的存在，当信号的信噪比提高时，小波去噪法的去噪效果并没有太大的改进。

　　图 3.14 给出了两种去噪算法的定量比对结果。可以看到，2 种算法都能提高原始信号的信噪比。但是相比之下，本文所提算法的各项性能指标全都优于小波去噪法，明显具有更好的去噪效果。

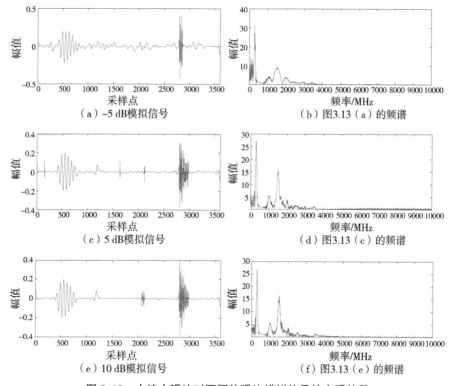

（a）−5 dB模拟信号　　　　（b）图3.13（a）的频谱

（c）5 dB模拟信号　　　　（d）图3.13（c）的频谱

（e）10 dB模拟信号　　　　（f）图3.13（e）的频谱

图 3.13　小波去噪法对不同信噪比模拟信号的去噪结果

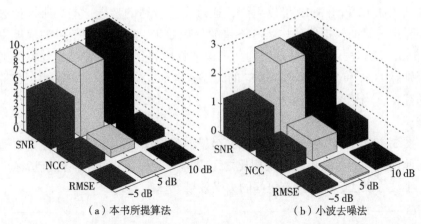

（a）本书所提算法　　　　　　　（b）小波去噪法

图 3.14　不同信噪比模拟信号经本文所提算法和小波去噪法处理后的各项性能指标

3.5　实测数据分析

本节利用第二章收集的 4 类 UHF PD 信号验证本文所提算法对实测数据的有效性。从实测信号的时域波形和频谱不难发现，信号中存在明显的窄带噪声，但是白噪声不算太严重。对于实测信号，本文将包络提取次数设定为 2 次，阈值乘子设定为 2。

首先计算实测信号的候选中心频率，结果如图 3.15 所示。从图 3.15 可以看到，对实测信号的频谱进行数学形态学滤波后，4 类信号中的窄带噪声都得到了一定程度的抑制，但是其谱线并没有被完全去除，最终导致窄带噪声所对应的极大值点被选中。这也说明，单纯采用数学形态学滤波算法去除 UHF PD 信号中的窄带噪声时，结构元素的长度并不容易设定。此外，图 3.15（b）中 0~300 MHz 的频域范围内出现了一处高幅值的谱线，推断该谱线由低频脉冲干扰引起。

进一步对这 4 类 UHF PD 信号的候选中心频率进行高斯测试，它们的候选中心频率所对应的窄带信号的初始峭度值如图 3.16 所示。从图 3.16 可以看到，4 类 UHF PD 信号中窄带噪声所引入的候选中心频率全部没有通过高斯测试，它们各自对应的窄带信号的初始峭度值普遍较小（均小于 0）。同时，图 3.16（b）中低频脉冲干扰引入的候选中心频率同样没能通过测试。相比之下，脉冲信号对应的中心频率则全部顺利通过测试。

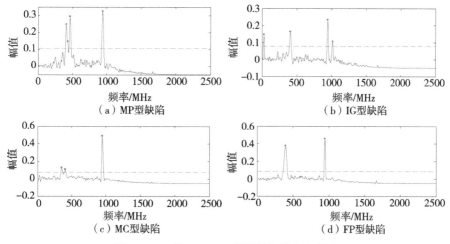

图 3.15 4 种 UHF PD 信号的候选中心频率

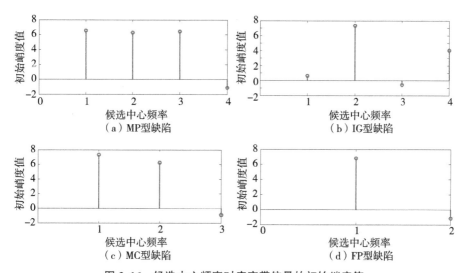

图 3.16 候选中心频率对应窄带信号的初始峭度值

　　依据选取的中心频率和频宽在频域上提取 PD 脉冲，并结合小波去噪法去除剩余的白噪声，最终的去噪结果如图 3.17 所示。可以看到，PD 脉冲在时域上的位置变得清晰；频域上，窄带噪声全部被有效去除，白噪声也得到有效抑制，同时脉冲信号的频谱得到了保留。

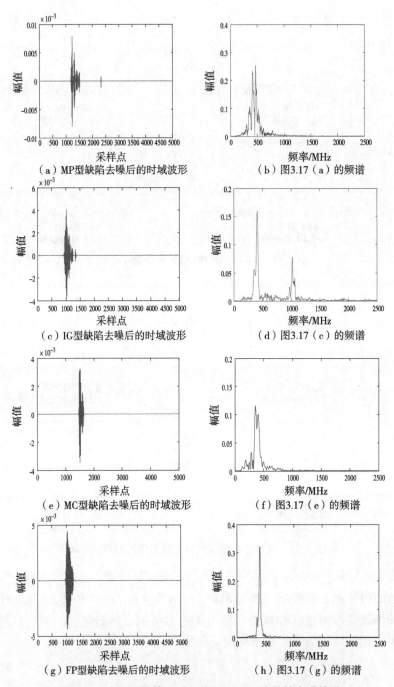

（a）MP型缺陷去噪后的时域波形　　　　（b）图3.17（a）的频谱

（c）IG型缺陷去噪后的时域波形　　　　（d）图3.17（e）的频谱

（e）MC型缺陷去噪后的时域波形　　　　（f）图3.17（e）的频谱

（g）FP型缺陷去噪后的时域波形　　　　（h）图3.17（g）的频谱

图 3.17　本文所提算法对 4 种 UHF PD 信号的去噪结果

为突显本文所提算法的优势，选择小波去噪法和文献［110］所提 EEMD 自适应阈值法作为对比，这 2 种方法的去噪结果分别如图 3.18 和图 3.19 所示。图 3.18（b）、3.18（d）和 3.18（f）显示，单纯的小波去噪法并不能有效去除实测信号中的低频噪声，去噪后的信号在低频部分仍然存在强谱线。图 3.18（d）和 3.18（h）则显示，小波去噪法没能去除 IG 型缺陷和 FP 型缺陷中的窄带噪声，并且 IG 型缺陷中大于 1 GHz 的有效信息也被丢失。从图 3.19 可以看到，EEMD 自适应阈值法有效去除了 4 类 UHF PD 信号中的窄带噪声，但是同样没能去除信号中的低频噪声。同时，该方法也丢失了 IG 型缺陷中大于 1 GHz 的有效信息。

由于无法得到无噪信号，SNR、NCC 及 $RMSE$ 这 3 个评价指标都无法使用，因此依据文献［97］，采用噪声抑制比来定量评价上述方法的去噪效果，该参数能够用于反应算法对噪声的抑制程度，其表达式如下：

$$\rho_{NNR} = 10(\lg \sigma_1^2 - \lg \sigma_2^2)。 \tag{3.32}$$

式中，σ_1、σ_2 分别表示去噪前和去噪后信号的标准差。ρ_{NNR} 的值越大表示对噪声的抑制能力越强。

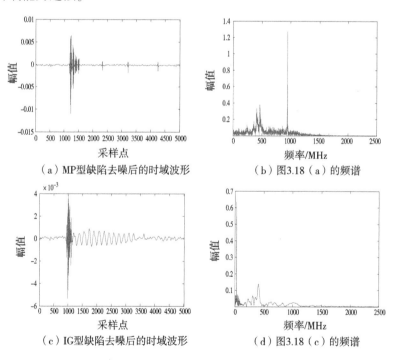

（a）MP 型缺陷去噪后的时域波形 　　（b）图 3.18（a）的频谱

（c）IG 型缺陷去噪后的时域波形 　　（d）图 3.18（c）的频谱

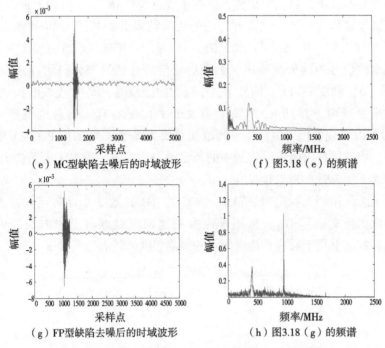

（e）MC型缺陷去噪后的时域波形   （f）图3.18（e）的频谱

（g）FP型缺陷去噪后的时域波形   （h）图3.18（g）的频谱

图3.18　小波去噪法对4种UHF PD信号的去噪结果

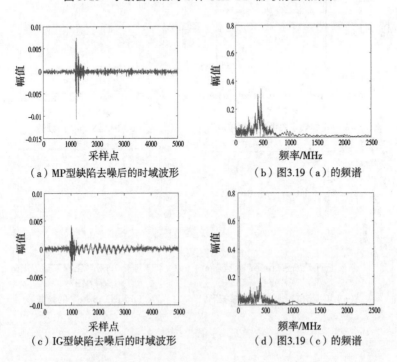

（a）MP型缺陷去噪后的时域波形   （b）图3.19（a）的频谱

（c）IG型缺陷去噪后的时域波形   （d）图3.19（c）的频谱

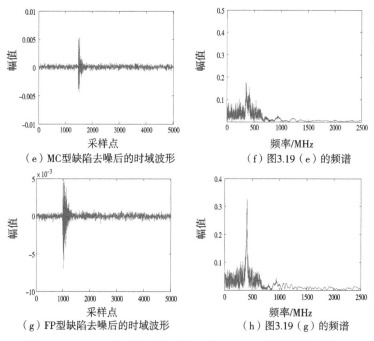

（e）MC型缺陷去噪后的时域波形　　　　（f）图3.19（e）的频谱

（g）FP型缺陷去噪后的时域波形　　　　（h）图3.19（g）的频谱

图 3.19　EEMD 自适应阈值法对 4 种 UHF PD 信号的去噪结果

　　3 种方法的对比结果如表 3.4 所示。从表 3.4 中可以看到，与单纯的小波去噪法和 EEMD 自适应阈值法相比，本文所提算法对 4 种类型的 UHF PD 信号均具有更好的噪声抑制能力。

表 3.4　不同去噪算法的噪声抑制比

缺陷类型	本文所提算法	小波去噪法	EEMD 自适应阈值法
MP 型缺陷	**9.84**	8.48	6.70
IG 型缺陷	**15.36**	8.05	5.16
MC 型缺陷	**18.14**	14.59	10.02
FP 型缺陷	**10.83**	9.60	8.27

　　仿真和实测数据分析证明，本文所提方法不仅能够同时去除原始信号中的多类噪声，并且能够较好地保留信号中的有效成分。此外，从算法的实现过程不难发现，本文所提算法也能用于判定 UHF PD 信号中是否存在脉冲成分，即如果所有的候选中心频率都无法通过高斯测试则说明原始信号中不存在 PD 脉冲。相比之下，现有的大多数 UHF PD 信号去噪算法都是假定信号中存在 PD 脉冲，然后再去评价算法的去噪性能。

相比于传统的谱峭度算法，本文所提算法显然具有更低的计算复杂度，并且能够有效处理包含多脉冲的 UHF PD 信号。相比于传统的 Protrugram 算法，本文所提算法则具有更好的自适应性，有效避免了搜索频宽和步长设定这一过程。此外，与单纯的数学形态学滤波算法相比，即使结构元素的设定不太完美，本文所提算法依然能够达到较好的去噪效果。

3.6 本章小结

本章提出了一种新的 UHF PD 信号噪声抑制算法。在详细分析 UHF PD 信号频谱特性的基础上，提出依据频谱幅值和极大值点位置来确定 PD 脉冲中心频率的位置，具体说来包括以下 3 个步骤：①数学形态学滤波抑制窄带噪声的强谱线；②谱图包络提取；③包络谱阈值处理。由于 PD 脉冲是 UHF PD 信号中的突变成分，提出采用"峭度值"这一指标来选择各中心频率对应的频宽，具体说来包括以下 2 个步骤：①计算各中心频率下全部可变窗长度窄带信号的峭度值；②对窄带信号的初始峭度值进行高斯测试，排除虚假中心频率，并计算真实中心频率对应的频宽。依据获取的中心频率和频宽，该方法准确识别了 PD 脉冲在频域上的位置，实现了信号的初步滤波。考虑到白噪声存在于整个频域，进一步采用小波去噪法去除初步滤波信号中残留的白噪声。

仿真和实测数据证明，与传统的小波去噪法和 EEMD 自适应阈值法相比，本文所提算法不仅具有更好的噪声抑制效果并且能够更好地保留信号中的有效信息成分。需要指出的是，算法中 2 个关键参数的设置需要首先对信号的信噪比做一个简单的评估。

第四章 UHF PD 信号的模式识别

本书第 2.1 节提到，GIS 内部的绝缘缺陷有多种类型，不同类型的缺陷会诱发不同类型的 PD，并对设备造成不同程度的破坏。为准确评估 GIS 的绝缘状况，制定合理的检修策略，对 PD 进行准确分类非常重要。

本文第二章详细分析了 UHF PD 信号的时域波形和傅里叶变换频谱，发现 UHF PD 信号的时频分布差异能够为 PD 的分类提供有力依据，据此本章讨论 UHF PD 信号的时频特征提取和 PD 的模式识别。

要提取 UHF PD 信号的时频特征首先需要获取信号的时频信息。在众多的时频分解方法中，S 变换（Stockwell Transform，ST）因其优异的时频分辨能力得到了广泛的关注。例如，文献 ［111］ 采用 S 变换获取 PD 脉冲电流的时频信息。UHF PD 信号是由 PD 脉冲电流所激发，并且二者具有某些相似的特征[112]，因此本章提出采用 S 变换获取 UHF PD 信号的时频信息。

得到信号的时频信息后，采用信号处理方法即可从中提取信号的时频特征。时频特征是体现 PD 分布差异的直观参数，也是分类器的输入参量。奇异值分解作为一种矩阵分解方法，能够有效降低外部干扰的影响。为使得获取的特征参量对噪声具有一定的抵抗能力，本章提出采用奇异值分解算法从 UHF PD 信号的时频信息中提取合适的时频特征，实现 PD 的准确分类。

4.1 S 变换

S 变换由 Stockwell 于 1996 年提出。它是一种可逆的时频变换方法，有效结合了连续小波变换（Continuous Wavelet Transform，CWT）和短时傅里叶变换（Short Time Fourier Transform，STFT）各自的优点，不仅具有相位信息，而且采用宽度可变的窗函数，能够同时分辨信号中的高频和低频信息。S 变换不仅克服了短时傅里叶变换中时频分辨率固定的问题，也有效避免了小波变换中小波基、分解层数选择的问题，非常适合处理非平稳时间序列信号，在地震监测、心音信号分析及电能质量分析等领域也得到了广泛的运用[113-114]。

（1）连续 S 变换

S 变换常被认为是短时傅里叶变换和连续小波变换的有效拓展。函数 $h(t)$ 的 STFT 可以表示为：

$$STFT(\tau, f) = \int_{-\square}^{+\square} h(t)w(t-\tau)e^{-i2\pi ft}dt \, 。 \tag{4.1}$$

式中，$w(t-\tau)$ 表示窗函数 $w(t)$ 的平移拓展。窗函数的引入使得傅里叶变换具备了分析信号局部频谱的能力，若将窗函数 $w(t)$ 作如下定义：

$$w(t) = \frac{1}{\sigma\sqrt{2\pi}}e^{-\frac{t^2}{2\sigma^2}}, \tag{4.2}$$

式中，σ 表示尺度因子。将式（4.2）代入式（4.1）可以得到：

$$STFT^*(\sigma, \tau, f) = \int_{-\square}^{+\square} h(t)\frac{1}{\sigma\sqrt{2\pi}}e^{-\frac{(\tau-t)^2}{2\sigma^2}}e^{-i2\pi ft}dt \, 。 \tag{4.3}$$

可以看到，通过调节尺度因子 σ 的大小就可以改变短时傅里叶变换的时频分辨率，但是 σ 的大小一旦确定，短时傅里叶变换的时频分辨能力也就固定了。但是，对于非平稳时间序列信号，我们希望在高频端，时间窗口宽度尽量小，以增大频域分辨率；在低频端，时间窗口宽度尽量大，以增大时域分辨率。因此，有必要引入宽度可变的窗函数。

基于上述理念，将尺度因子 σ 与频率联系起来，令：

$$\sigma(f) = \frac{1}{|f|}, \tag{4.4}$$

由此，σ 是一个与频率 f 相关的量。这一定义使得窗函数在时频域上具备了随着频率的改变自适应调整窗口宽度的能力。将式（4.4）代入式（4.3）中即可得到连续 S 变换的表达式：

$$S(\tau, f) = \int_{-\square}^{+\square} h(t)\frac{|f|}{\sqrt{2\pi}}e^{-\frac{(\tau-t)^2f^2}{2}}e^{-i2\pi ft}dt, \tag{4.5}$$

不难发现，S 变换可以看作是一种特殊形式的短时傅里叶变换，那么利用傅里叶反变换就可以实现无损的 S 逆变换：

$$h(t) = \int_{-\square}^{+\square} e^{i2\pi ft}\int_{-\square}^{+\square} S(\tau, f)d\tau df, \tag{4.6}$$

函数 $h(t)$ 的 CWT 可以表示为：

$$W(\tau, d) = \int_{-\square}^{\square} h(t)w(t-\tau, d)dt, \tag{4.7}$$

式中，τ 表示平移因子，决定着函数 $w(t-\tau,\ d)$ 在时间轴上的位置。d 表示伸缩因子，决定着函数 $w(t-\tau,\ d)$ 的宽度。

若定义母小波为：

$$w(t,\ f) = \frac{|f|}{\sqrt{2\pi}} e^{-\frac{t^2 f^2}{2}} e^{-i2\pi f t},\tag{4.8}$$

结合式（4.5），式（4.7）和式（4.8）可以得到：

$$S(\tau,\ f) = e^{i2\pi f \tau} W(\tau,\ d)。\tag{4.9}$$

不难发现，函数 $h(t)$ 的连续 S 变换也可以看成是 $h(t)$ 的 CWT 与相位因子 $e^{i2\pi f \tau}$ 的乘积。

（2）离散 S 变换

设 $h(kT)$ 是 $h(t)$ 的离散时间序列。其中，$k = 0,\ 1,\ \cdots,\ N-1$，T 表示采样时间间隔，N 表示最大采样点数。那么 $h(t)$ 的离散傅里叶变换可以表示为：

$$H\left(\frac{n}{NT}\right) = \frac{1}{N}\sum_{k=0}^{N-1} h(kT) e^{-\frac{i2\pi nk}{N}},\tag{4.10}$$

式中，$n = 0,\ 1,\ \cdots,\ N-1$。

将式（4.5）中的 f 和 τ 分别用 n/NT 和 jT 代替，离散时间序列 $h(kT)$ 的 S 变换可以表示成：

$$S\left[jT,\ \frac{n}{NT}\right] = \sum_{m=0}^{N-1} H\left[\frac{m+n}{NT}\right] e^{-\frac{2\pi^2 m^2}{n^2}} e^{\frac{i2\pi mj}{N}},\ n \neq 0,\tag{4.11}$$

式中，j、m 和 n 的取值均为 $[0,\ 1,\ \cdots,\ N-1]$。当 $n = 0$ 时，离散 S 变换可以表示成：

$$S[jT,\ 0] = \frac{1}{N}\sum_{m=0}^{N-1} h\left[\frac{m}{NT}\right],\tag{4.12}$$

离散 S 变换的逆变换则可以表示为：

$$h[kT] = \sum_{n=0}^{N-1}\left\{\frac{1}{N}\sum_{j=0}^{N-1} S\left[jT,\ \frac{n}{NT}\right]\right\} e^{\frac{i2\pi nk}{N}}。\tag{4.13}$$

由式（4.11）不难得出，离散 S 变换可以通过快速傅里叶变换和卷积定理计算，主要步骤如下：

①对离散时间序列 $h(kT)$ 进行快速傅里叶变换，得到 $H\left(\dfrac{m}{NT}\right)$；

②计算窗函数的快速傅里叶变换，得到 $e^{\frac{-2\pi^2 m^2}{n^2}}$；

③将时间序列的频谱 $H\left(\dfrac{m}{NT}\right)$ 平移得到 $H\left(\dfrac{m+n}{NT}\right)$；

④计算 $H\left(\dfrac{m+n}{NT}\right)$ 与窗函数的卷积，得到 $H\left(\dfrac{m+n}{NT}\right)\mathrm{e}^{\frac{-2\pi^2 m^2}{n^2}}$；

⑤对 $H\left(\dfrac{m+n}{NT}\right)\mathrm{e}^{\frac{-2\pi^2 m^2}{n^2}}$ 进行快速傅里叶反变换得到 $S\left(jT,\dfrac{n}{NT}\right)$。

从 S 变换的数学表达式可以得出，S 变换能够将时间序列信号分解为一个复数时频矩阵。矩阵的行对应时间轴，矩阵的列对应频率轴。这个复矩阵包含了信号的幅值和相位等相关信息。对矩阵中的各元素求模值即可得到信号的时频幅值矩阵，幅值矩阵能够直观地反映信号中各频率成分在时间轴上的能量分布，可以看作是信号时频信息的一种量化描述。图 4.1 为金属突出物缺陷下 UHF PD 信号的 S 变换时频幅值谱。尽管实测信号被噪声干扰，依然可以看到，原始信号中有效信息成分在频域上主要集中在 0.3~1 GHz，在时域上主要集中在采样点 1000~1500。

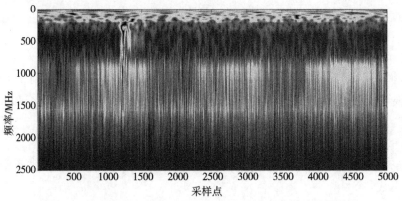

图 4.1　金属突出物缺陷下 UHF PD 信号的 S 变换时频幅值谱

4.2　奇异值分解

奇异值分解是一种在信号处理、统计学等领域广泛使用的矩阵分解方法。根据奇异值分解（Singular Value Decomposition，SVD）理论[115]，假设矩阵 $A \in \mathbf{R}^{m \times n}$，则必然存在正交矩阵 $U = [u_1, u_2, \cdots, u_m] \in \mathbf{R}^{m \times m}$ 和正交矩阵 $V = [v_1, v_2, \cdots, v_n] \in \mathbf{R}^{n \times n}$，使得下式成立：

$$A = USV^{\mathrm{T}} = \sum_{i=1}^{r} u_i \delta_i v_i^{\mathrm{T}}, \tag{4.14}$$

式中，U 和 V 分别表示左奇异矩阵和右奇异矩阵，$r = \min\{m, n\}$，δ_i 表示第 i 个奇异值，同时是 AA^{T} 的第 i 个特征值的平方根，满足 $\delta_1 \geqslant \delta_2 \geqslant \cdots \geqslant \delta_r$，$S$

是一个 $m \times n$ 的对角矩阵，满足 $\boldsymbol{S} = \mathrm{diag}(\delta_1,\ \delta_2,\ \delta_3,\ \cdots,\ \delta_r)$，列向量 $\boldsymbol{u}_i$ 和 $\boldsymbol{v}_i$ 分别满足 $\boldsymbol{A}\boldsymbol{v}_i = \delta_i \boldsymbol{u}_i$，$\boldsymbol{A}^\mathrm{T}\boldsymbol{u}_i = \delta_i \boldsymbol{v}_i$。

若矩阵 $\boldsymbol{A}$ 为非满秩矩阵，即 $r < \min\{m,\ n\}$，则奇异值序列满足 $\sqrt{\delta_1} \geqslant \sqrt{\delta_2} \geqslant \cdots \geqslant \sqrt{\delta_r} = \sqrt{\delta_{r+1}} \geqslant \cdots \geqslant \sqrt{\delta_{\min\{m,\ n\}}} = 0$。$\boldsymbol{S}$ 则可用下式表示：

$$\boldsymbol{S}_{m\times n} = \begin{bmatrix} \boldsymbol{S}_1 & 0 \\ 0 & 0 \end{bmatrix}, \tag{4.15}$$

$$\boldsymbol{S}_1 = \mathrm{diag}(\delta_1,\ \delta_2,\ \delta_3,\ \cdots,\ \delta_r), \tag{4.16}$$

$$r = \mathrm{rank}(\boldsymbol{A}), \tag{4.17}$$

定义 $\boldsymbol{A}$ 的 Frobenious 范数为 $\boldsymbol{A}$ 的所有非零奇异值平方和的平方根，即：

$$\|\boldsymbol{A}\|_F = \sqrt{\sum_{k=1}^{r} \delta_k^2}, \tag{4.18}$$

那么在 Frobenious 范数意义下，$\boldsymbol{A}_r$ 是在秩为 r 的线性空间 $\mathbf{R}^{m\times n}$ 内对矩阵 $\boldsymbol{A}$ 的最佳逼近，即：

$$\|\boldsymbol{A} - \boldsymbol{A}_r\|_F = \sqrt{\sum_{k=r+1}^{\min\{m,\ n\}} \delta_k^2} = \min\{\|\boldsymbol{A} - \boldsymbol{B}\|_F,\ \boldsymbol{B} \in \mathbf{R}_r^{m\times n}\} = 0, \tag{4.19}$$

一般地，若矩阵 $\boldsymbol{A}$ 的秩为 r，选取正整数 p 满足 $p < r$，则 $\boldsymbol{A}$ 的低秩逼近矩阵 $\boldsymbol{A}_p$ 满足：

$$\boldsymbol{A}_p = \sum_{i=1}^{p} \boldsymbol{u}_i \delta_i \boldsymbol{v}_i^\mathrm{T} = \boldsymbol{U}_p \boldsymbol{S}_p \boldsymbol{V}_p^\mathrm{T}, \tag{4.20}$$

根据式（4.18），$\boldsymbol{A}_p$ 与 $\boldsymbol{A}$ 的 Frobenious 范数差可表示为：

$$\|\boldsymbol{A} - \boldsymbol{A}_p\|_F = \sqrt{\sum_{k=p+1}^{r} \delta_k^2}。 \tag{4.21}$$

也就是说，p 与 r 的值越接近，$\boldsymbol{A}_p$ 与 $\boldsymbol{A}$ 的 Frobenious 范数差值越小，$\boldsymbol{A}_p$ 越接近 $\boldsymbol{A}$，当 $p = r$ 时，$\boldsymbol{A}_p$ 与 $\boldsymbol{A}$ 完全相等。因此，在信号处理领域（如信号去噪，数据压缩），常常采用前几个较大的奇异值去获取原始矩阵的逼近。

4.3　香农奇异熵

在时域中，香农熵是信号的一个重要的不确定性测度，它通过对数据的统计分析来量化数据的复杂程度。信号越复杂，包含的信息量越多，香农熵越大；反之，信号越简单，包含的信息量越少，香农熵越小。若矩阵 $\boldsymbol{A}$ 的秩为 r，奇异值序列为 $\{\delta_1,\ \delta_2,\ \cdots,\ \delta_r\}$，那么香农奇异熵 SE 可以表示为：

$$SE = -\sum_{i=1}^{r}(P_i \ln P_i), \tag{4.22}$$

$$P_i = \frac{\delta_i}{\sum\limits_{j=1}^{r}\delta_j}。 \tag{4.23}$$

同理，香农奇异熵能够体现矩阵所包含信息的复杂程度。奇异熵的值越大，矩阵中的信息量越多，突变奇异性也越大，反之亦然。

本文第三章提到，PD 脉冲具有明显的衰减振荡特性，常被认作是 UHF PD 信号中的突变成分。也就是说，对于 UHF PD 信号，PD 脉冲对奇异熵的大小具有较大影响。

4.4　UHF PD 信号特征提取

奇异值分解理论指出奇异值越大其对矩阵的贡献度越大。也就是说，对于矩阵重构，奇异值的大小是子矩阵能量强度的一种表征。同样，对于信号去噪，通过选取前几个较大的奇异值并舍弃较小的奇异值就可以实现信号中有效成分的重构。显然，最大奇异值所对应的子信号可以看作是信号中有效成分的最大贡献者。

由于 UHF PD 信号会不可避免地受到现场噪声的干扰，而去噪并不能完全消除信号中的干扰成分，这就要求提取的特征参量本身具备一定的噪声抵抗能力。通常情况下，奇异值并不会因为矩阵元素的微小变化而发生较大的改变。因此，可以采用时频幅值矩阵的最大奇异值去表征 UHF PD 信号中的有效成分。

从 4 种 UHF PD 信号的频谱图可以发现，信号中的有效成分主要集中在 0.3 ~ 1 GHz，其余频段主要为噪声。为获得信号中有效成分的时频分布，将 UHF PD 信号的频域分成 4 个区域，分别为 300 ~ 500 MHz、500 ~ 800 MHz、0.8 ~ 1 GHz 及 1 ~ 2.5 GHz。当然，划分的区域越多，得到的信息会越详细，但是计算复杂度也会随之增加。因此，这里采用折中的方式将频域分为 4 个区域。同时，将信号的时域等分成 3 个区域。这样，UHF PD 信号的时频幅值矩阵就被分解成 12 个子矩阵，如图 4.2 所示。

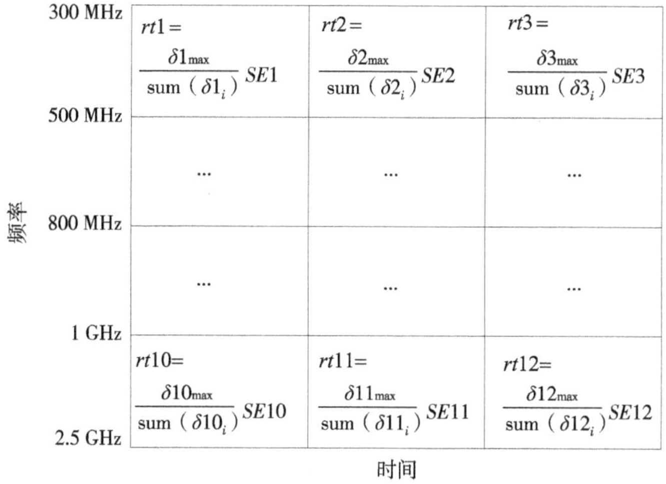

图 4.2　S 变换时频幅值矩阵划分

　　对每个子矩阵分别进行奇异值分解，各矩阵的最大奇异值就能够用于表征该矩阵的有效成分。但是，即使是同一类型的 UHF PD 信号，其幅值也会因外部环境的改变而有所不同（如放电电压发生改变），这将会影响各子矩阵最大奇异值的大小，继而增大同类样本之间的差异。因此，本章采用各子矩阵中最大奇异值与所有奇异值之和的比值 $rt = \delta_{max}/\text{sum}(\delta_i)$ 为特征参量。该比值用于表征子矩阵中有效成分的能量占比，以此降低信号幅值对模式识别可能带来的影响。

　　分别计算每个子矩阵的 rt 和 SE，这样可以得到一个 24 维的特征参量 $[rt1, rt2, \cdots, rt12, SE1, SE2, \cdots, SE12]$。图 4.3 为 4 类 UHF PD 信号的 rt 分布，图 4.4 为 4 类 UHF PD 信号的 SE 分布。从这两个图可以看到，所提取的时频特征能够有效反映 4 类 UHF PD 信号之间的差异。这个 24 维的特征参量从有效信号能量占比的时频分布及信息的不确度分布两个方面对信号进行了量化描述。

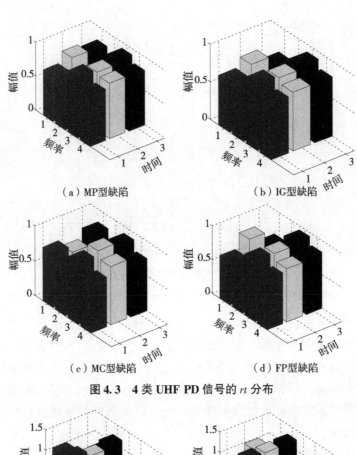

图 4.3　4 类 UHF PD 信号的 *rt* 分布

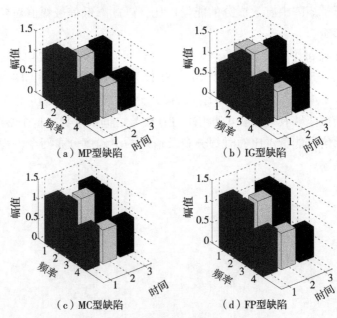

图 4.4　4 类 UHF PD 信号的 SE 分布

4.5 支持向量机分类算法

由于采集的样本个数不多，选用支持向量机（Support Vector Machine，SVM）为分类器对样本进行分类。SVM 是建立在统计学习（Statistical Learning Theory，SLT）理论基础上的一种机器学习方法。它通过将输入的特征向量映射到高维空间，并使得分类边界（Margin）最大，从而得到特征空间划分的最优超平面。SVM 算法不仅计算复杂性低并且具有较好的"鲁棒性"，其最终决策函数仅由少数支持向量决定，有效"剔除"了大量的冗余样本，其复杂性只取决于支持向量的数目，某种意义上避免了"维数灾难"。

通过二分类的概念引出 SVM，其数学模型如下：

$$y(x) = \boldsymbol{W}^{\mathrm{T}}\varphi(\boldsymbol{x}) + b, \tag{4.24}$$

式中，$\varphi(x)$ 表示指定的特征空间转换，用于将输入向量转换到高维空间，$\boldsymbol{W}$ 表示样本所投影的超平面的法向量，b 表示偏移量。若训练样本集包含 N 个输入向量 $\boldsymbol{x}_1$，$\boldsymbol{x}_2$，$\cdots$，$\boldsymbol{x}_N$，并且它们的类别标签分别为 t_1，t_2，$\cdots$，t_N，满足 $t_n \in \{-1, 1\}$（$n=1, 2, \cdots, N$），那么新样本 $\boldsymbol{x}$ 的类别将依据 $y(x)$ 的符号而给定。

假定训练样本在特征空间是线性可分的，那么至少存在一组 $\{w, b\}$ 使得式（4.24）满足：当 $t_n = +1$ 时，$y(x_n) > 0$，当 $t_n = -1$ 时，$y(x_n) < 0$，即对于所有的训练样本都存在 $t_n y(x_n) > 0$。实际上应该存在很多组能够将样本分开的解，而 SVM 寻找的是一组能够使得算法的泛化误差（Generalization Error）最小的解。

定义 margin 为距离超平面最近的样本与超平面之间的垂直距离。任意样本 x_n 到超平面的距离可以表示为：

$$\frac{t_n y(\boldsymbol{x}_n)}{\|\boldsymbol{w}\|} = \frac{t_n(\boldsymbol{w}^{\mathrm{T}}\varphi(\boldsymbol{x}_n) + b)}{\|\boldsymbol{w}\|}, \tag{4.25}$$

SVM 寻找一组最佳的 $\{w, b\}$ 使得 margin 最大，最大 margin 可以通过下式求解：

$$\underset{w,b}{\arg\max}\left\{\frac{1}{\|\boldsymbol{w}\|} \min_n[t_n(\boldsymbol{w}^{\mathrm{T}}\varphi(\boldsymbol{x}_n) + b)]\right\}, \tag{4.26}$$

若将式（4.25）中的 $\boldsymbol{W}$ 和 b 同时变换为 $k\boldsymbol{w}$ 和 kb，任意样本与超平面之间的距离将不会发生变化。据此，设定 margin 的大小为 $\dfrac{1}{\|\boldsymbol{w}\|}$，如图 4.5 所示。所

有的样本将满足:

$$y_i [(\boldsymbol{w}^{\mathrm{T}} \boldsymbol{x}_i) + b] \geqslant 1, \ i = 1, \ 2, \ \cdots, \ n, \tag{4.27}$$

那么, 式 (4.26) 可以等价为如下最优化问题:

$$\underset{\boldsymbol{w}, \ b}{\arg\min} \frac{1}{2} \| \boldsymbol{w} \|^2,$$

$$\text{s. t.} \quad t_n (\boldsymbol{w}^{\mathrm{T}} \varphi (\boldsymbol{x}_n) + b) \geqslant 1, \ n = 1, \ \cdots, \ N, \tag{4.28}$$

为求解上述最优化问题, 引入拉格朗日乘子 $a_n \geqslant 0$, 可以得到如下拉格朗日方程:

$$L(\boldsymbol{w}, \ b, \ \boldsymbol{a}) = \frac{1}{2} \| \boldsymbol{w} \|^2 - \sum_{n=1}^{N} a_n \{ t_n (\boldsymbol{w}^{\mathrm{T}} \varphi (\boldsymbol{x}_n) + b] - 1 \}, \tag{4.29}$$

其中, $\boldsymbol{a} = (a_1, \ \cdots, \ a_N)^{\mathrm{T}}$。$L(\boldsymbol{w}, \ b, \ \boldsymbol{a})$ 分别对 $\boldsymbol{w}$ 和 b 求偏导, 并令导数为 0, 得到下式:

$$\boldsymbol{w} = \sum_{n=1}^{N} a_n t_n \varphi (\boldsymbol{x}_n), \tag{4.30}$$

$$\sum_{n=1}^{N} a_n t_n = 0, \tag{4.31}$$

采用式 (4.30) 和式 (4.31) 消除 $L(\boldsymbol{w}, \ b, \ \boldsymbol{a})$ 中的 $\boldsymbol{w}$ 和 b, 式 (4.26) 可以转化为如下对偶问题:

$$\max \tilde{L}(\boldsymbol{a}) = \sum_{n=1}^{N} a_n - \frac{1}{2} \sum_{n=1}^{N} \sum_{m=1}^{N} a_n a_m t_n t_m k(\boldsymbol{x}_n, \ \boldsymbol{x}_m),$$

$$\text{s. t.} \begin{cases} a_n \geqslant 0, \ n = 1, \cdots, N, \\ \sum_{n=1}^{N} a_n t_n = 0, \end{cases} \tag{4.32}$$

式中, $k(\boldsymbol{x}_n, \ \boldsymbol{x}_m)$ 表示核函数, 其表达式为 $k(x, \ x') = \varphi (x)^{\mathrm{T}} \varphi (x')$。采用不同的核函数可以得到不同的 SVM, 常用的核函数形式包括: 线性核函数、多项式核函数、径向基核函数及 Sigmoid 核函数, 其中后两种核函数的使用较为广泛。本章选用高斯径向基函数为核函数, 其表达式如下:

$$k(x_i, \ x_j) = \exp \left(\frac{-\| x_i - x_j \|^2}{g^2} \right)。 \tag{4.33}$$

对于一个新的待分类样本, 根据 $y(x)$ 的符号即可得到新样本所属的类别, 将式 (4.30) 代入式 (4.24) 中可得:

$$y(x) = \sum_{n=1}^{N} a_n t_n \varphi (x_n)^{\mathrm{T}} \varphi (x) + b = \sum_{n=1}^{N} a_n t_n k(x, \ x_n) + b, \tag{4.34}$$

根据 Karush-Kuhn-Tucher 条件 (KKT 条件), 上述最优化问题的解满足:

$$\begin{cases} a_n \geqslant 0, \\ t_n y(x_n) - 1 \geqslant 0, \\ a_n \{t_n y(x_n) - 1\} = 0_\circ \end{cases} \tag{4.35}$$

因此，对于每个数据点，必定存在 $a_n = 0$ 或者 $t_n y(x_n) = 1$。对于满足 $a_n = 0$ 的训练样本，它们的大小对新样本的预测将不会起到任何作用，余下的样本必定满足 $t_n y(x_n) = 1$，它们的大小将会影响新样本的类别，常被称为支持向量（SV）。

求取支持向量后，依据式（4.34），偏移量 b 将满足下式：

$$t_n y_n = t_n \Big(\sum_{m \in S} a_m t_m k(x_n,\ x_m) + b \Big) = 1, \tag{4.36}$$

式中，S 表示所有支持向量的索引集。那么 b 可以表示为：

$$b = \frac{1}{N_S} \sum_{n \in S} \Big[t_n - \sum_{m \in S} a_m t_m k(x_n,\ x_m) \Big]_\circ \tag{4.37}$$

式中，N_S 表示支持向量的总个数。

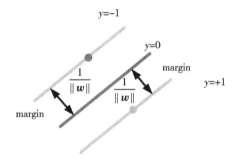

图 4.5　margin 的定义

上述结论的获得是基于所有的样本在特征空间是线性可分的，当样本并不能完全区分时，上述结论需要进行适当的修正。SVM 引入松弛变量 $\xi_n \geqslant 0$ 和惩罚因子 C 来处理样本错分的问题。设定样本被正确分类或者落在 margin 上时，$\xi_n = 0$；当样本落在 margin 内时，$0 \leqslant \xi_n \leqslant 1$；当样本被错分时，$\xi_n > 1$，如图 4.6 所示。

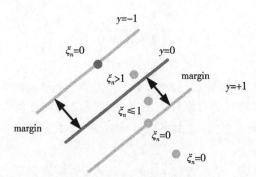

图 4.6　松弛变量的取值

那么，式（4.28）可以修改为：

$$\arg_{w,\,b} \min \frac{1}{2} \parallel w \parallel^2 + C \sum_{n=1}^{N} \xi_n,$$

$$\text{s.t.} \begin{cases} t_n(w^{\mathrm{T}}\varphi(x_n) + b) \geqslant 1 - \xi_n, \\ \xi_n \geqslant 0, \ n = 1, \cdots, N_{\circ} \end{cases} \tag{4.38}$$

相应的拉格朗日方程应修改为：

$$L(w, b, a) = \frac{1}{2} \parallel w \parallel^2 - \sum_{n=1}^{N} a_n \{ t_n [(w^{\mathrm{T}}\varphi(x_n) + b) - 1 + \xi_n \} +$$

$$C \sum_{n=1}^{N} \xi_n - \sum_{n=1}^{N} u_n \xi_n, \tag{4.39}$$

式中，$a_n \geqslant 0$，$u_n \geqslant 0$ 为拉格朗日乘子。对应的 KKT 条件为：

$$\begin{cases} a_n \geqslant 0, \\ t_n y(x_n) - 1 + \xi_n \geqslant 0, \\ a_n \{ t_n y(x_n) - 1 + \xi_n \} = 0, \\ u_n \geqslant 0, \\ \xi_n \geqslant 0, \\ u_n \xi_n = 0_{\circ} \end{cases} \tag{4.40}$$

同理，$L(w, b, a)$ 分别对 w，b 和 ξ_n 求偏导，并令导数为 0，可得：

$$\begin{cases} \dfrac{\partial L}{\partial w} = 0 \Rightarrow w = \sum_{n=1}^{N} a_n t_n \varphi(x_n), \\ \dfrac{\partial L}{\partial b} = 0 \Rightarrow \sum_{n=1}^{N} a_n t_n = 0, \\ \dfrac{\partial L}{\partial \xi_n} = 0 \Rightarrow a_n = C - u_{n\circ} \end{cases} \tag{4.41}$$

采用式（4.41）所述结论消除 $L(\boldsymbol{w},b,\boldsymbol{a})$ 中的 $\boldsymbol{w}$、b 和 $\{\xi_n\}$，对偶问题可以表示为：

$$\tilde{L}(\boldsymbol{a}) = \sum_{n=1}^{N} a_n - \frac{1}{2}\sum_{n=1}^{N}\sum_{m=1}^{N} a_n a_m t_n t_m k(x_n,\ x_m)，\tag{4.42}$$

可以看到，新的对偶问题与样本可分条件下的对偶问题完全一致，只是限定条件有所不同。由于 $u_n \geqslant 0$，根据式（4.41），a_n 将满足 $0 \leqslant a_n \leqslant C$。对于满足 $a_n = 0$ 的样本，它们的大小将不会影响新样本的分类，余下的样本则组成了支持向量，并且满足 $a_n > 0$。因此，结合式（4.40），必然存在：

$$a_n\{t_n y(x_n) - 1 + \xi_n\} = 0 \quad \Rightarrow t_n y(x_n) - 1 + \xi_n = 0，\tag{4.43}$$

若 $a_n < C$，那么 $u_n > 0$，依据式（4.40）可以得出：

$$u_n \xi_n = 0 \Rightarrow \xi_n = 0，\tag{4.44}$$

那么必然存在 $t_n y(x_n) = 1$，即：

$$t_n\Big(\sum_{m\in S} a_m t_m k(x_n,\ x_m) + b\Big) = 1，\tag{4.45}$$

由此可得：

$$b = \frac{1}{N_\Gamma}\sum_{n\in\Gamma}\Big(t_n - \sum_{m\in S} a_m t_m k(x_n,\ x_m)\Big)。\tag{4.46}$$

式中，Γ 表示所有满足 $0 < a_n < C$ 的样本的索引集。

若 $a_n = C$，当 $\xi_n \leqslant 1$ 时，样本将被正确分类；当 $\xi_n > 1$ 时，样本将被错分。

4.5.1　SVM 的参数设置

SVM 的分类性能与算法中某些参数的设定密切相关[116]。为获得最佳的 SVM 模型，惩罚因子 C 和核函数因子 g 需要提前给定。交叉验证（CV）能够有效评估分类器的性能，其基本思想是在某种意义下将原始数据集分成两组，一组为训练集，另一组为验证集，用训练集训练分类器，利用验证集测试所得模型，以得到的分类准确率为分类器的性能评价指标，因此通过交叉验证能够获得最优的 C 和 g。常用的 CV 方法有 4 种：留一法交叉验证（Leave One Out CV）、留多法交叉验证（Leave Multiple Out CV）、K 折交叉验证（K-folds CV）及蒙特卡罗交叉验证（Monte Carlo CV）。这里采用K-folds CV法。在采用 K-folds CV 时，粒子群（Particle Swarm Optimization，PSO）优化算法被用于最佳 $\{C,g\}$ 的搜寻。当然，网格法也能够用于 $\{C,\ g\}$ 的寻优，通过遍历网格中所有的 $\{C,\ g\}$ 组合即可得到搜索范围内最优的 $\{C,\ g\}$。但是一旦增大搜索范围，该算法的计算时间将会显著增加。

4.5.2 PSO算法

PSO 是一种有效的全局寻优算法，最早由 Kennedy 和 Eberhart 于 1995 年提出，它的基本概念源于对人工生命和鸟群捕食行为的研究[117]。

粒子群算法可以描述为：设粒子群在一个 n 维的空间中搜索，一共有 m 个粒子组成种群 $Z = \{Z_1, Z_2, \cdots, Z_m\}$，其中每个粒子所处的位置为 $Z_i = \{Z_{i1}, Z_{i2}, \cdots, Z_{in}\}$，并表示问题的一个解。粒子通过不断调整自己的位置 Z_i 来搜索新的解。每个粒子都能记住自己搜索到的最好解，记为 p_{id}，以及整个粒子群经历过的最好的位置，即目前搜索到的最好解，记为 p_{gd}。此外，每个粒子都有一个速度，记为 $V_i = \{V_{i1}, V_{i2}, \cdots, V_{in}\}$，当两个最优解都找到后，每个粒子都根据下式来更新自己的速度。

$$v_{id}(t+1) = wv_{id}(t) + \eta_1 \mathrm{rand}(p_{id} - z_{id}(t)) + \eta_2 \mathrm{rand}(p_{gd} - z_{id}(t)),$$
$$\tag{4.47}$$

$$z_{id}(t+1) = z_{id}(t) + v_{id}(t+1), \tag{4.48}$$

式中，$v_{id}(t+1)$ 表示第 i 个粒子在 $t+1$ 次迭代中第 d 维上的速度，w 表示惯性权重，η_1，η_2 表示加速常数，rand 表示在 0~1 中取随机数运算。此外，为使得粒子的速度不致过大，可设定速度上限 $v_{\max}$。当式（4.47）中 $v_{id}(t+1) > v_{\max}$ 时，$v_{id}(t+1) = v_{\max}$；当 $v_{id}(t+1) < -v_{\max}$ 时，$v_{id}(t+1) = -v_{\max}$。

可以看到，粒子的移动方向由三部分决定：自己原有的速度 $v_{id}(t)$、自己最佳经历与原有位置的距离 $(p_{id} - z_{id}(t))$、群体最佳经历与原有位置的距离 $(p_{gd} - z_{id}(t))$。这 3 个部分的重要性分别由权重系数 w、η_1 和 η_2 决定。

采用粒子群算法优化 SVM 的基本流程可以用图 4.7 表示，具体包含以下几个步骤：

①以 CV 意义下的分类准确率为适应度函数。

②初始化粒子群，即随机给定各粒子的初始位置和初始速度。

③计算每个粒子的适应度值。

④更新每个粒子的个体最优位置和全局最优位置。

⑤依据式（4.47）和式（4.48）更新粒子的速度和位置。

⑥判断是否满足终止条件（最好的位置或迭代次数）。

⑦如果不满足终止条件，跳回步骤⑤。

⑧如果满足终止条件，输出最优的 $\{C, g\}$。

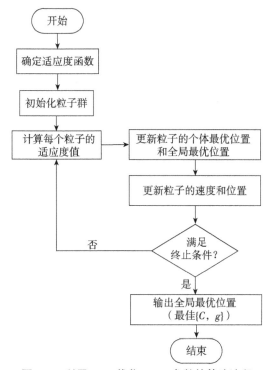

图 4.7　利用 PSO 优化 SVM 参数的算法流程

4.6　UHF PD 信号分类结果与评价

4.6.1　分类准确度

采集不同缺陷下的 UHF PD 波形数据各 100 组，随机选取其中的 70 组作为训练样本，余下的 30 组作为测试样本。一共得到 400 组 UHF PD 数据，包括 280 组训练样本，120 组测试样本。

提取每个样本的时频特征，得要一个 400×24 的样本特征集。以训练样本的时频特征为输入参量训练 SVM。采用 K-folds CV 评估 SVM 的性能。由于样本个数不多，设定 $K = 3$。训练样本将被分成 3 组，其中 2 组为训练组，余下的一组为测试组。改变训练组和测试组直到任意一组样本都被选为测试组，得到 3 个模型。在模型的训练过程中，采用 PSO 算法对 $\{C, g\}$ 进行寻优。这 3 个模型的平均分类准确率即是 K-folds CV 意义下的适应度值。设定 C 的搜索范围为 $[0.1, 100]$，g 的搜索范围为 $[0.01, 1000]$。设定惯性权重

w 为 1，加速常数 η_1 和 η_2 分别为 1.5 和 1.7。设定粒子个数为 20（20 组 $\{C, g\}$），迭代次数为 50。PSO 寻找最佳参数的适应度曲线如图 4.8 所示。

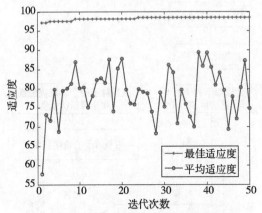

图 4.8　PSO 寻找最佳参数的适应度曲线

图 4.8 中最佳适应度曲线表示每次迭代所得的最佳分类准确率，平均适应度曲线表示每次迭代所有粒子的平均分类准确率。当 $\{C, g\}$ 为 $\{78.36, 0.85\}$ 时，模型具有最佳的分类性能，分类准确率达到 98.33%，只有 2 个样本被错分。详细的分类结果如表 4.1 所示。

为验证最优 $\{C, g\}$ 选取的必要性，随机选取 4 组 $\{C, g\}$，采用相同的训练和测试样本对模型的性能进行评价，分类结果如表 4.2 所示。可以看到，$\{C, g\}$ 的大小对 SVM 的分类性能具有较大影响，随机选择 $\{C, g\}$ 无法保障模型达到最佳性能。

表 4.1　最优参数下 SVM 的分类结果

分类结果	真实类别			
	MP 型缺陷	IG 型缺陷	MC 型缺陷	FP 型缺陷
MP 型缺陷	29	1	0	0
IG 型缺陷	0	30	0	0
MC 型缺陷	0	1	29	0
FP 型缺陷	0	0	0	30
准确率	$(29 + 30 + 29 + 30)/120 \approx 98.33\%$			

表 4.2　最优和随机参数下 SVM 的分类结果对比

C	g	分类准确率
49.81	90.09	85.83%
57.47	84.51	86.67%
24.67	66.64	87.5%
7.59	74.06	87.5%
78.36	0.85	98.33%

进一步研究训练集差异对于 SVM 模型的影响，设计如下实验：在每类缺陷下随机选取个数相同的样本，组成训练样本集。设定总训练样本个数分别为 40、80、120、160、200、240 和 280。每个样本集下分别进行 10 次独立分类测试，分类结果如图 4.9 所示。

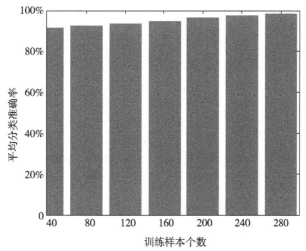

图 4.9　不同训练样本个数下的分类结果

可以看到，随着训练样本个数的增加，算法的分类性能得到逐步提升。这说明增加训练样本个数能够有效提高 SVM 的分类能力。但是即使训练样本个数较少，本文所提方法依然具有不错的分类效果。尤其是当训练样本低至 40 个时，本文所提方法依然能够达到接近 90% 的分类准确率。由于训练样本越多，算法所需的计算时间也越多，若通过较少的样本就能达到理想的分类准确率，那么算法的运算速度将得到有效提高。

4.6.2 噪声对分类的影响

第三章提到，尽管实测 UHF PD 信号中存在明显的周期性窄带噪声，但是白噪声不算太严重，为更好地模拟变电站现场环境，在实测信号中加入不同强度的白噪声，研究噪声对所提算法的影响。

图 4.10 为加入白噪声后 4 类 UHF PD 信号的时域波形和频谱。可以看到，当信号的信噪比低至−10 dB 时，完全无法在频域上分辨 PD 脉冲。同样，对加噪 UHF PD 信号进行 S 变换，提取其时频特征组成特征样本集，并在每类信号中随机选取 70 个样本为训练样本，余下 30 个样本作为测试样本，采用基于 PSO 算法优化的 SVM 为分类器对样本分类，结果如图 4.11 所示。

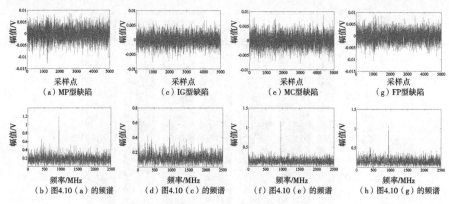

图 4.10 加噪 UHF PD 信号（信噪比：−10 dB）

从图 4.11 可以看到，随着噪声强度的增大，算法的分类准确率逐渐降低。但是当信号的信噪比低至−10 dB 时，所提算法依然能够达到 88.3% 的分类准确率，这说明所选特征参量具有较好的噪声抵抗能力，这也为强背景噪声下训练样本的采集提供了可能。

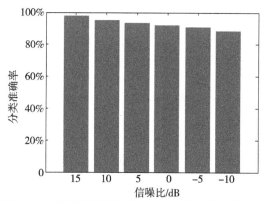

图 4.11 不同噪声等级下 UHF PD 信号的分类结果

4.6.3 噪声抑制对分类的影响

采用第三章所提去噪算法分别对信噪比为 0 dB、-5 dB 及-10 dB 的加噪 UHF PD 信号去噪。第三章提到,信号的信噪比降低时,为保证算法的有效性应增大包络提取次数,减小阈值乘子。由于建议的包络提取次数为 1 ~ 2 次,阈值乘子的取值范围为 [1,2],首先设定包络提取次数为 2 次。

当 UHF PD 信号的信噪比为 0 dB 和-5 dB 时,设定阈值乘子为 1.5 即可有效提取到 PD 脉冲的中心频率,最终的去噪结果如图 4.12 和图 4.13 所示。可以看到,4 类 UHF PD 信号中的窄带噪声均被完全去除,白噪声也得到有效抑制,PD 脉冲在时域上的位置变得清晰,这也使得在时域上提取 PD 脉冲段[89]变得容易。

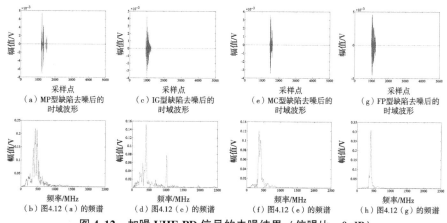

图 4.12 加噪 UHF PD 信号的去噪结果（信噪比：0 dB）

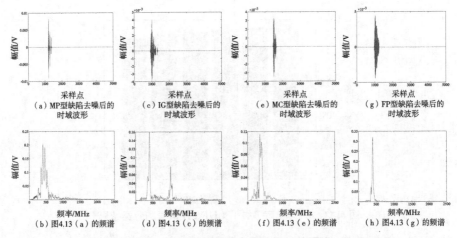

图 4.13　加噪 UHF PD 信号的去噪结果（信噪比：−5 dB）

当信号的信噪比低至−10 dB 时，其频谱完全被噪声淹没，即使将阈值乘子调到最小值 1，依然未能提取到 PD 脉冲的中心频率，最终算法判定信号中不存在 PD 脉冲。也就是说，采用第三章所提去噪算法并不能去除信号中的噪声成分，这也是许多噪声抑制算法在处理超低信噪比信号时面临的难题。

采用本章所提分类算法对去噪后的 UHF PD 信号分类，结果如表 4.3 所示。可以看到，当信号的信噪比提高后，分类准确率也得到了相应提升，这进一步验证了第三章所提去噪算法的有效性。而当噪声抑制算法失效时，或者说在评估信号的信噪比后，发现噪声抑制算法无法有效去除信号中的噪声成分，而且可能因去噪而导致 PD 信息成分丢失时，本章所提分类算法的优势将会得到突显。

表 4.3　去噪后 UHF PD 信号的分类结果

原始信号信噪比/dB	分类准确率
−5	93.3%
0	95.8%

4.7　本章小结

UHF PD 信号的分类识别一直是 GIS 绝缘故障诊断的热点和难点之一，相关的特征提取和模式识别方法也较多。由于工程现场电磁环境复杂，噪声干扰严重，即使对原始信号进行了必要的去噪处理，实测信号的信噪比依然可能低于实验室信号，因此许多算法无法对现场数据进行准确分类。

　　本章在分析典型 UHF PD 信号时域波形和傅里叶变换频谱的基础上，提出了基于 S 变换和奇异值分解的 PD 类型辨识方法。该方法主要包括 4 个步骤：①采用 S 变换获取 UHF PD 信号的时频幅值矩阵。②依据信号中有效成分的分布区域，将幅值矩阵分为 12 个子矩阵，并对每个子矩阵进行奇异值分解。③提取每个子矩阵的最大奇异值占比和奇异熵，组成特征参量。④采用基于 PSO 优化的 SVM 为分类器对 PD 进行分类识别。

　　实验结果显示：本章所提特征参量具有较好的噪声抵抗能力，即使不对原始信号去噪，所提方法依然能够在小样本训练和强背景噪声下获得较好分类效果，这将有助于提高分类算法的泛化能力。

第五章　SF_6特征分解组分的选取与检测

　　根据 IEC 60480[118]，SF_6分解物检测手段可以分为"实验室检测"和"现场检测"两类。前者能够实现多种组分的精确定量，但是检测结果存在滞后；后者能够检测的组分相对较少，检测精度也不及前者，但是在检测时效上更有优势。

　　虽然实验室检测能够为故障诊断提供更加丰富的数据信息，SF_6分解组分与设备内部局部放电也确实存在直接的关联，但是目前关于分解组分与故障类型的映射关系仍然没有统一的结论[26]。也就是说，依据获取的多组分浓度信息还无法建立可靠的绝缘缺陷识别系统；现场检测则更关注某些典型的分解组分，旨在快速发现设备的绝缘异常，虽然无法对故障类型做出准确判断，但是更有利于事故隐患的提前发现，然而受限于设备自身的检测原理，现有的分解物现场检测技术也很难完全满足工程现场连续、可靠运行的需求[26]。

　　本章从 PD 的快速发现与预警的角度出发，总结现有的分解物检测技术，在回顾 SF_6 分解机制并对 PD 模拟实验数据进行解释的基础上，提出选取 SO_2 为特征气体对 PD 进行定性表征。为实现 SO_2 气体连续、可靠的现场检测，提出采用紫外光谱检测技术对微量 SO_2 进行识别，并讨论基于奇异谱分析的自适应光谱信号处理方法。

5.1　现有分解物检测技术对比

　　20 世纪 70 年代以来，随着技术的不断发展，电力系统中出现了越来越多的 SF_6 分解物检测方法。按照检测模式，现有的检测方法可以大致分为"实验室检测"和"现场检测"两类。其中，实验室检测方法主要包括气相色谱法[119]、质谱法及红外吸收光谱法[120]。现场检测方法则主要包括检测管法[121]和电化学传感器法[122]。当然，一些新型的检测方法也逐步得到应用，如离子迁移光谱[123]、光声光谱[124]、共振光声光谱、碳纳米管[125]等。由于新型的检测方法多处于研究阶段，还没有得到广泛的普及，以下只对目前常用的几种检测方法进行介绍。

（1）气相色谱法

气相色谱法是目前最常用的SF$_6$分解物检测方法。该方法依据不同物质在气相色谱两相中分配系数的不同，将混合分解物在两相中反复分配直至分离。不同的分解物具有不同的出峰时间，分解物的含量不同对应的峰面积/峰高也不同。总体来说，气相色谱法具有检测灵敏度高、定量精度高及检测气体种类多等优点，但是由于其进样检测时间较长，并且易受外部环境干扰，该方法不适合在现场使用。虽然目前市面上已经出现了便携式的气相色谱仪[126]，主要用于CF$_4$等气体的检测，但是实际中还是很难满足现场连续、高精度检测的要求。

（2）质谱法

质谱法利用电场和磁场的作用将运动的离子按照其荷质比进行分离，是一种精确的定性分析方法。目前认为质谱法可以检测大部分稳定的SF$_6$分解产物，包括SOF$_2$、SO$_2$、CS$_2$等，但是该方法无法有效区分S$_2$F$_2$和SOF$_2$。总体来说，质谱法具有检测气体种类多、检测灵敏度高等优点，但是该方法操作复杂，并且会对分解物成分造成影响，也不适合现场使用。

近年来，气相色谱–质谱联用仪越来越受到国内外学者的关注，该方法能够有效结合色谱和质谱各自的优势以获得更高的检测精度，但是设备的维护成本也因此增加。

（3）红外吸收光谱法

物质分子在光的照射下，会吸收与其分子振动、转动频率一致的光谱。大部分的SF$_6$分解物在红外波段都存在特征吸收。红外光谱吸收法正是利用SF$_6$分解产物对红外光谱的选择性吸收特性，实现对各组分的定性、定量分析。IEC60480标准中推荐采用傅里叶变换红外光谱仪对SF$_6$分解物进行检测，可测组分主要包括SOF$_2$、SO$_2$F$_2$、SO$_2$、CF$_4$、H$_2$S等。总体来说，红外吸收光谱法具有检测时间短、检测物质总类多、检测灵敏度高以及抗干扰能力强等多个优点。但是由于分解物中SF$_6$气体仍然是主要成分，其吸收峰密集且谱线较宽，很容易对其他待检测物质造成干扰[127]。因而，实际中傅里叶变换红外光谱仪的检测精度一般略低于气相色谱仪。

（4）检测管法

检测管法是一种广泛运用于现场的SF$_6$分解物检测方法，其原理为：待测气体通过检测管时会与管内的化学物质发生化学反应生成新的物质，致使内部指示剂的颜色发生改变，参照颜色变化或变色柱指示即可对物质类型和浓度做出粗略估计。检测管法具有价格低廉、操作简单、响应速度快且不受现场电磁噪声干扰等优点，但是该方法能够检测的分解物总类相对较少，目前主要针对 HF、H_2S、SO_2 等物质。此外，该方法容易受外界环境因素（如温度、湿度）干扰，对多组分混合气体定量时，各组分间还会发生交叉干扰。

（5）电化学传感器法

电化学传感器法在近些年得到了较多应用，其原理为：待测气体通过传感器上的半导体工作电极后，会导致其阻值发生变化或发生氧化-还原反应形成感应电流，通过测量元件上的电信号即可反推出气体的类别和浓度。电化学传感器法同样具有操作简单、响应速度快等优点，但是能够测量的物质也不多，目前主要包括（SOF_2+SO_2）、HF、CO 和 H_2S 等物质。国家电网公司发布的《SF_6气体分解产物检测技术现场应用导则》规定电化学传感器对 SO_2 和 H_2S 的检测量程应不低于 100 μL/L，CO 气体的检测量程应不低于 500 μL/L，最小检测限应不大于 0.5 μL/L。由于本质上仍是通过化学反应来实现分解物的辨识，该方法也存在交叉干扰的问题。此外，随着使用时间的增加，元件本身可能逐渐"中毒"失效，故而这种检测设备的寿命一般较短，并且后期维护成本较高。

表 5.1 对上文所述的几种检测方法进行了简单总结，可以发现：实验室检测方法一般具有较高的检测精度，能够检测的分解物种类较多，但是检测设备一般比较昂贵，目前还很难在现场使用；现场检测方法一般具有操作简单、响应速度快的优势，但是检测精度相对较低，能够检测的分解物种类也不多，检测设备的价格要低于实验室检测设备，但是后期维护比较麻烦。可以说，这些检测方法各有优劣，目前还很难找到一种稳定、有效且完备的检测方法。随着化学法的不断发展，建立一种稳定、可靠且适用于现场的检测方法将成为该领域的一个重要课题。

表 5.1 不同检测方法对比

检测模式	检测方法	优点	缺点
实验室检测	气相色谱法	灵敏度高、精度高 检测气体种类多	不适合现场检测 价格高
	质谱法	灵敏度高 检测气体种类多	不适合现场检测 价格高 会对组分造成影响
	红外吸收光谱法	灵敏度高、精度高 检测气体种类多 可在线检测	容易受背景峰干扰
现场检测	检测管法	适用于现场 检测速度快、价格低廉	检测精度低 无法连续使用 存在相互干扰
	电化学传感器法	适用于现场 检测速度快	存在相互干扰 使用寿命短

5.2 特征组分选取

特征组分是指能够用于 PD 判别和诊断的某些典型气体。就 PD 的诊断而言，其关注的重点在于缺陷类型的区分；就 PD 的判别而言，其关注的重点在于 PD 有无的快速判断。目前利用 SF₆分解组分信息还很难做到缺陷类型的准确辨识，但是通过分析 SF₆分解组分来定性识别 PD 已经取得了广泛的认同，其重点在于探寻表征 PD 发生的典型组分且要求这些组分易于现场检测。因此，对于 PD 的定性识别，首先要求待测组分是 PD 下 SF₆典型且相对稳定的分解产物，以保证结论对不同 PD 的普适性。此外，相应的检测技术必须能够在现场稳定、可靠地运行，以实现待测组分的连续检测。

基于上述原因并依据局部放电下 SF₆分解机制，本章提出以 SO_2 作为 PD 定性判别的特征组分。具体原因如下：

（1）从本文实验数据中发现，4 种类型的 PD 下都能检测到稳定的 SO_2，由于 SO_2 是由 SOF_2 水解产生，因此可以推断 SO_2 的生成意味着 SF₆已经发生分解。一些已有的研究成果也得出了相似的结论，如王圆圆等[128]的研究表明，对于金属突出物缺陷，SO_2F_2、SO_2、S_2OF_{10} 是 SF₆主要稳定的分解产物，对于沿面缺陷，CF_4、CS_2、SO_2 是最主要的分解产物。齐波等[129]的研究表明，刺尖、悬浮电位及表面放电下 SOF_2、SO_2、HF 是最主要的分解产物。骆立实等[130]的研究表明，SOF_2、SO_2、HF 可以作为识别刺尖放电和悬浮放电这两类缺陷的特征气体。

（2）对于 PD 故障检测，IEC 60480—2004 和 GB/T 8905—2012[131]中认定的主要检测组分包括 SOF_2、SO_2F_2、SO_2、HF、SF_4 和 SOF_4，其中建议用于现场检测的是前三种组分。此外，DL/T 1205—2013[132]中将 SO_2、H_2S 和 CO 列为检测管法和电化学传感器法等现场检测方法中推荐的检测组分。这说明 SOF_2、SO_2F_2 和 SO_2 具有较强的代表性，而检测管法和电化学传感器法还无法实现 SOF_2 和 SO_2F_2 的准确检测。

（3）SO_2 化学性质稳定，基本不与设备内部材料发生反应，能够长期存在于 GIS 内部，并且随着放电的持续其含量会逐步累积。此外，SO_2 具有典型的紫外吸收特性，采用紫外光谱法检测 SO_2 已经在环境工程领域得到了广泛的认同[133]。也就是说，SO_2 不仅适合现场检测，而且工程上易于实现。相比之下，现阶段要在现场精确检测 SOF_2 和 SO_2F_2 还不太容易，而 H_2S 和 CO 并不是 PD 下典型且稳定的分解产物。

5.3 基于紫外光谱检测技术的 GIS 内 SO_2 识别

从 PD 下 SF_6 的分解机制可知，SO_2 是 SF_6 的二级分解产物，其生成量通常要小于 SOF_2、SO_2F_2 等物质。也就是说，现场检测设备的检测精度必须足够高才能有效检测到 PD 所产生的微量 SO_2 气体。

在环境监测领域，紫外光谱检测系统因其具有非接触式测量、检测速度快、成本价廉、维护方便等优点，被广泛用于微量 SO_2 气体的监测[133-134]。此外，该方法也被证实能够用于变压器油中某些溶解气体的现场检测[135]。因此，本节提出采用紫外光谱检测技术实现 SF_6 分解物中微量 SO_2 的现场检测。

5.3.1 紫外吸收光谱

当一束光通过介质时，介质分子会吸收某些特定波长的光。依据波长范围，光波被划分为 3 个波段，分别为紫外波段、可见波段及红外波段。它们的波长范围分别为 0~400 nm、400~760 nm 及 0.76~25 μm。这种选择吸收特性可以用朗伯-比尔定律来定量描述[136]，其表达式如下：

$$I(\lambda) = I_0(\lambda)\exp[-\alpha(\lambda)cL] , \tag{5.1}$$

式（5.1）中，$\alpha(\lambda)$ 表示物质在波长 λ 处的吸收截面，是一个与温度和压强相关的量。

该定律指出：对于某一均匀非散射的吸光物质（气体或溶液），当一束波长为 λ 的单色平行光垂直通过该物质时，若入射光与吸光物质之间不存在荧光或其他化学现象，那么光强会由初始值 $I(\lambda)$ 衰减为 $I_0(\lambda)$，并且衰减程度与物质的种类、摩尔浓度 c 及光程长度 L 有关，如图 5.1 所示。

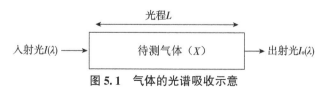

图 5.1　气体的光谱吸收示意

可见，当外界环境不发生变化且光程长度一定时，物质的浓度与光强的衰减程度可以用一个确定的函数来表达，如式（5.2）所示。

$$A(\lambda) = \ln \frac{I_0(\lambda)}{I(\lambda)} = \alpha(\lambda) c L = k(\lambda) c, \tag{5.2}$$

式中，$A(\lambda)$ 表示物质在波长 λ 处的吸光度，$k(\lambda)$ 表示 $\alpha(\lambda)$ 与 L 的乘积。

当待测物质中存在多个吸光组分时，若各组分之间不发生相互反应，则吸光度满足加和性，即总的吸光度等于各物质吸光度的和，如式（5.3）所示。

$$A(\lambda) = \sum_m A_m(\lambda) = \sum_m \left[\alpha_m(\lambda) L \times c_m \right] = \sum_m k_m(\lambda) c_m, \tag{5.3}$$

式中，m 表示吸光组分的总个数，c_m 表示组分 m 的浓度。

若入射光为连续光谱，且各吸光组分在多个波长处存在吸收，则各波长处的吸光度可以用下式表示：

$$\begin{bmatrix} A(\lambda_0) \\ A(\lambda_1) \\ \vdots \\ A(\lambda_{N-1}) \end{bmatrix} = \begin{bmatrix} k_1(\lambda_0) & k_2(\lambda_0) & \dots & k_m(\lambda_0) \\ k_1(\lambda_1) & k_2(\lambda_1) & \dots & k_m(\lambda_1) \\ \vdots & \vdots & & \vdots \\ k_1(\lambda_{N-1}) & k_2(\lambda_{N-1}) & \dots & k_m(\lambda_{N-1}) \end{bmatrix} \begin{bmatrix} c_1 \\ c_2 \\ \vdots \\ c_m \end{bmatrix} 。 \tag{5.4}$$

5.3.2　不同气体组分的紫外光谱特性研究

研究表明，SO$_2$ 在紫外波段主要存在 3 个吸收区域[137]，分别为：340~390 nm、280~320 nm 及 170~230 nm。在这 3 个区域 SO$_2$ 对紫外光谱的吸收强度依次递增。理论上吸收强度越大越有利于物质的定性、定量分析，但是目前主要采用 280~320 nm 这一波段[138-139]对 SO$_2$ 进行分析，主要原因为：①紫外光在传播过程中会出现一定程度的衰减，而 170~230 nm 这一波段光的衰减比较严重。②280~320 nm 波段能够有效避开可能对 SO_2 检测造成干扰的某些杂质吸收峰（如 CO_2 和水分等）；③紫外光在 280~320 nm 波段具有较好的传输能力，光的衰减较小，同时比较容易找到合适的光源（如氘灯、氙灯或发光二极管）。

由于吸光度具有线性加和性，对于 SO_2 的紫外检测，除了要研究 SO_2 在 280~320 nm 区域的吸收特性以外，还需要考虑 SF_6 其他分解物在该波段的吸收特性，以探讨这些分解物是否会对 SO_2 的检测造成干扰。

为研究 SF_6 主要、稳定分解产物的紫外光谱吸收特性，选取高纯度的 SO_2、SO_2F_2、S_2OF_{10}、SOF_2 和 CO 标准气体为测试样本，这些气体均以 SF_6 为底气，标准气体的详细信息如表 5.2 所示。由于 CO_2 已被证明不具有紫外吸收特性[140]，这里不将其纳入测试范围。

表 5.2　标准气体的详细信息

标准气体种类	浓度或纯度	背景气	微水含量
高纯 SF_6	99.995%		65 μL/L
SO_2	2 μL/L	SF_6	≤100 μL/L
SO_2F_2	32 μL/L	SF_6	≤100 μL/L
SOF_2 & S_2OF_{10}	SOF_2　32 μL/L S_2OF_{10}　16 μL/L	SF_6	≤100 μL/L
CO	367 μL/L	SF_6	≤100 μL/L

紫外光谱检测系统的结构和实物如图 5.2 和图 5.3 所示。系统主要由氘灯光源、光纤、气室、紫外光谱仪及温度、压力变送器组成。其中，直通式气室光程为 1 m，容积约为 30 mL，其内壁喷涂聚四氟乙烯膜以减小吸附，两端则设有光纤准直耦合镜；光源和光谱仪（Avantes-ULS2048x64）由爱万提斯公司提供，光源功率为 78 W，输出光谱范围为 220~400 nm，光谱仪的分辨率为 0.13 nm，有效检测区间为 220~330 nm。光源、气室及光谱仪之间通过光纤连接，全部实验在近似恒温恒压（25℃±3℃，104±5 kPa）的环境下进行。

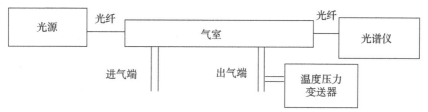

图 5.2 紫外光谱检测系统结构

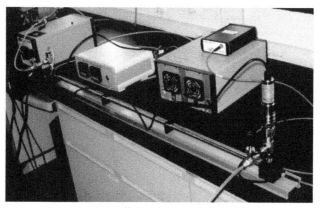

图 5.3 紫外光谱检测系统实物

实验前首先检测系统的气密性：将气室抽真空后同时关闭进气端和出气端，静置半小时（单组实验在半小时内可以完成），观察压力变送器的示值，若无明显变化说明气密性良好。随后，通入高纯度的氮气反复冲洗气室，以带出吸附在气室内壁的杂质。最后，通入待测气体至常压并记录其紫外吸收光谱。一组实验完毕后，重复上述过程，测量下一组待测气体，直到所有的气体测试完毕。

不同标准气体的紫外光谱原始谱如图 5.4（a）所示，可以看到 SF₆ 和 SO₂F₂的吸光度要小于 0，这说明原始光谱存在基线漂移。为寻找谱图的特征，对原始谱求一阶导数进行基线校正和信号增强，导数谱如图 5.4（b）所示。从图 5.4（b）可以看到，SF_6、SO_2F_2、SOF_2&S_2OF_{10} 和 CO 在观察波段并不具有明显的吸收特性。相比之下，SO_2则在 220~230 nm、290~310 nm 这 2 个波段存在较强的吸收特征。

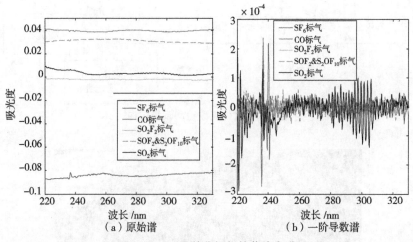

（a）原始谱　　　（b）一阶导数谱

图 5.4　SF$_6$及其分解物的紫外光谱

进一步对标准气体在 220~230 nm、290~310 nm 这 2 个波段的吸收特性展开详细分析，这 2 个波段的导数谱如图 5.5 所示。可以看到，SO$_2$的导数谱在这 2 个波段都存在明显的峰谷变化特征。相比之下，其他物质的导数谱则显得毫无规律。在 220~230 nm 波段，SO$_2$的导数谱呈现出谱峰幅值逐渐降低的特征；在 290~310 nm 波段，SO$_2$的导数谱具有明显的类正弦结构，峰谷之间的距离在 1 nm 左右。据此，本文选择 290~310 nm 为 SO$_2$的特征吸收波段。在这一波段 SO$_2$具有明显的周期性峰谷吸收特征，并且 SF$_6$主要的分解产物不会对其造成干扰。

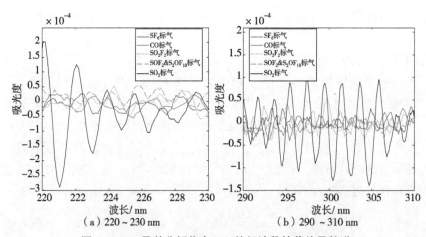

（a）220~230 nm　　　（b）290~310 nm

图 5.5　SF$_6$及其分解物在 SO$_2$特征波段的紫外导数谱

为进一步研究 SO₂ 在特征波段的光谱吸收特性，对不同浓度的 SO₂ 标准气体进行测试，测试浓度分别为 1 μL/L、2 μL/L、5 μL/L 和 10 μL/L，背景气体均为 SF₆。不同浓度的 SO₂ 标气在特征波段的一阶导数谱如图 5.6 所示。

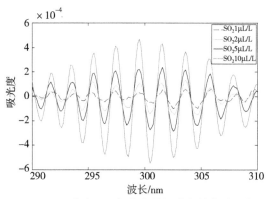

图 5.6　不同浓度 SO₂ 气体在特征波段的紫外导数谱

可以看到，随着 SO₂ 浓度的增加，谱图上峰值逐渐增大，谷值逐渐减小，峰谷特征越来越明显，并且没有出现峰谷偏移的现象。这说明 SO₂ 浓度在特征波段与吸光度具有很好的线性关系，这为 SO₂ 的定性、定量识别提供了很好的依据。

5.3.3　实测分解物的紫外光谱特性

上文分析了 SF₆ 几种主要分解产物的紫外光谱吸收特性，并证实这些分解产物不会对 SO₂ 的识别造成明显干扰，但是考虑到 SF₆ 分解产物众多，标准气体实验并不能排除所有潜在的干扰成分，因此我们对模拟实验下采集的混合气体进行测试。图 5.7 为放电结束后（针-板电极缺陷模型，60 h）的分解气体与放电前的高纯 SF₆ 新气在观测波段的一阶导数谱。从图 5.7（a）可以看到，分解气体的导数谱在 220~230 nm、290~310 nm 波段存在比较明显的峰谷变化特征，且该特征在 290~310 nm 波段更为稳定和突出。相比之下，新气在这两个波段则完全不具备这种特征。在 290~310 nm 波段，对比 PD 分解气体与 SO₂ 标准气体的导数谱（图 5.6），可以看到，二者具有较高的相似性（峰谷间距约为 1nm 的周期性波动特征），这说明虽然 PD 下 SF₆ 的分解产物繁多，但是并未发现其他成分在特征波段对 SO₂ 的紫外光谱检测造成明显干扰。这也说明，在该波段紫外检测系统只能检测 SO₂，但是也有效避免了其他物质的交叉干扰。

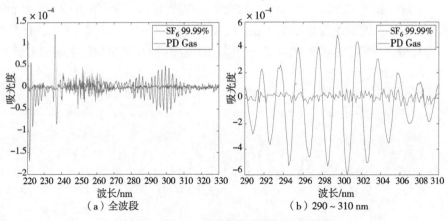

图 5.7　PD 60 h 后分解气体的一阶导数谱

5.4　紫外光谱去噪及 SO$_2$ 定量检测

为兼顾实用性和操作的便捷性，现场检测设备往往不如实验室检测设备紧凑、精密，其对噪声的抵抗能力一般较弱，然而现场环境中的干扰因素却要远多实验室环境。因此，光谱信号会不可避免地被某些现场噪声所干扰，为提高检测精度，光谱信号降噪显得非常重要。

工程实践中已有许多光谱信号降噪技术出现，如 Savitzky-Golay（SG）滤波[141]，数学形态学滤波[142]、小波变换（Wavelet Transform，WT）[143]、小波包变换（Wavelet Packet Transform，WPT）、经验模态分解（Empirical Mode Decomposition，EMD）、集合经验模态分解（Ensemble Empirical Mode Decomposition，EEMD）[144] 及上述方法的结合[142] 等。SG 滤波是一种方便快捷的滤波方法，对高频噪声具有较好的抑制效果，但该方法需要人工选择滤波器参数（窗口宽度、拟合次数），否则可能造成波形失真，影响定量精度。数学形态学滤波具有"削峰填谷"的能力，但是结构元素的类型、长度和幅值不太容易设定。小波变换和小波包变换的噪声抑制效果则与小波基、分解层数及小波阈值的选取相关。经验模态分解是一种自适应的信号分解方法，能够有效地将信号分成多个本征模态函数（Intrinsic Mode Function，IMF），但是在模态函数筛选、端点效应和冗余模态处理等问题上还有待深入研究[145]。EEMD 算法虽然通过加噪处理有效改进了 EMD 算法的模态混淆问题，但是本质上也未能完全解决这一问题。

作为一种自适应的、数据驱动式信号处理技术，奇异谱分析（Singular

Spectrum Analysis，SSA）对信号的识别和描述采用时域性的频域分析方式，具有强化周期信号的能力。它无须对信号和噪声做出先验假设，对非线性、非平稳信号也具有较好的去噪效果，已经在气象学、地球物理学等多个领域得到成功应用。据此，本小节提出基于奇异谱分析的紫外光谱信号去噪算法，以提高光谱数据的信噪比，提升检测系统的现场应用能力。

5.4.1　奇异谱分析

本书第四章详细介绍了奇异值分解的理论知识，奇异谱分析则是建立在奇异值分解理论基础上的一种信号处理方法。对于一个长度为 N 的离散时间序列 $x(t) = [x(1)，x(2)，x(3)，\cdots，x(N)]$，奇异谱分析将 $x(t)$ 转换成一个可以分解的矩阵 $\boldsymbol{X}$，通过对矩阵 $\boldsymbol{X}$ 的逼近和重构提取 $x(t)$ 中我们所关心的成分，以达到噪声抑制或数据压缩的目的。奇异谱分析算法可以分为四个主要步骤，分别为：矩阵嵌入、奇异值分解、重构成分分组和对角平均化。

（1）矩阵嵌入（Embedding）

矩阵嵌入的目的是将时间序列 $x(t)$ 映射成一个维度为 $m \times n$ 的轨道矩阵：

$$\boldsymbol{X} = [\boldsymbol{X}_1，\boldsymbol{X}_2，\cdots，\boldsymbol{X}_n] = \begin{bmatrix} x(1) & x(2) & \cdots & x(n) \\ x(2) & x(3) & \cdots & x(n+1) \\ & & \vdots & \\ x(m) & x(m+1) & \cdots & x(N) \end{bmatrix}，\quad (5.5)$$

式中，$n = N - m + 1$，$\boldsymbol{X}_t = [x(t)，x(t+1)，\cdots，x(t+m-1)]^{\mathrm{T}}$，满足 $t = 1,2,\cdots,n$。m 被称为轨道矩阵 $\boldsymbol{X}$ 的窗口长度，一般要求 $2 < m \leqslant N/2 \leqslant n$，通常情况下 m 应设为一个较大的值，用以加强重构成分的可分离性[146-147]。

（2）奇异值分解（SVD）

对轨道矩阵 $\boldsymbol{X}$ 进行 SVD：若序列 $\sigma_1 \geqslant \sigma_2 \geqslant \cdots \geqslant \sigma_r > 0$ 表示 $\boldsymbol{X}\boldsymbol{X}^{\mathrm{T}}$ 的特征值的降序排列，$\boldsymbol{U}_1,\boldsymbol{U}_2,\cdots,\boldsymbol{U}_r$ 为对应的特征向量序列，那么 $\boldsymbol{X}$ 可以表示成：

$$\boldsymbol{X} = \boldsymbol{X}_1 + \boldsymbol{X}_2 + \cdots + \boldsymbol{X}_m，\quad (5.6)$$

式中，$\boldsymbol{X}_i = \sqrt{\sigma_i}\boldsymbol{U}_i\boldsymbol{V}_i^{\mathrm{T}}$，$\boldsymbol{V}_i = \boldsymbol{X}^{\mathrm{T}}\boldsymbol{U}_i / \sqrt{\sigma_i}$。

（3）重构成分分组（Grouping）

该步骤也常被称为信噪分离（Signal-Noise Separation）。已知 $\| \boldsymbol{X} \|_{\mathrm{F}}^2 = \sum_{i=1}^{r} \delta_i^2$，对于 $i = 1，2，\cdots，r$，存在 $\| \boldsymbol{x}_i \|_{\mathrm{F}}^2 = \delta_i^2$，那么 $\sigma_i^2 / \sum_{i=1}^{r} \sigma_i^2$ 可以解释为 $\boldsymbol{X}_i$ 在 $\boldsymbol{X}$ 中的占比，或者 $\boldsymbol{x}_i$ 对 $\boldsymbol{X}$ 的贡献。因此奇异值越小其对整个矩阵的贡献度越小，所以常常选择前 k 个较大的奇异值去逼近原矩阵，以此作为有效

信号的贡献，即 $S_k = \sum\limits_{i=1}^{k} x_i$。冗余项则可以理解为噪声部分的贡献，即

$N_k = \sum\limits_{i=k+1}^{r} x_i$。

（4）对角平均化（Diagonal Averaging）

该步骤用于将 S_k 还原成一维时间序列。原矩阵 X 是一个 Hankel 矩阵，因此将 S_k 还原成一维时间序列时首先需要将其变成 Hankel 矩阵，该过程可以通过对角平均化实现。若 r 和 c 分别表示矩阵 S_k 的行和列，那么时间序列 $\hat{s}_k(t)$ 可以表示如下：

$$\hat{s}_k(t) = \hat{s}_{r(t-r+1),\,k} = \begin{cases} \dfrac{1}{t}\sum\limits_{r+c=t+1}\sum s_{rc,\,k}, & 1 \leqslant t \leqslant m-1, \\[2mm] \dfrac{1}{m}\sum\limits_{r+c=t+1}\sum s_{rc,\,k}, & m \leqslant t \leqslant n, \\[2mm] \dfrac{1}{N-t+1}\sum\limits_{r+c=t+1}\sum s_{rc,\,k}, & n+1 \leqslant t \leqslant N_{\circ} \end{cases} \quad (5.7)$$

式中，$s_{rc,\,k}$ 为矩阵 S_k 第 r 行第 c 列的元素，满足 $r+c=t+1$，其中，$r=1,2,\cdots,m$，$c=1,2,\cdots,n$，$t=1,2,\cdots,N_{\circ}$

5.4.2 有效奇异值选取

采用奇异谱分析算法进行信号去噪时，有效奇异值的选取是影响算法性能的关键因素。由于含噪信号中信号成分的占比一般要大于噪声成分，即信号对应的奇异值较大，噪声对应的奇异值较小，常常选择前几个较大的奇异值去重构轨道矩阵，而具体选择多少个奇异值则是该算法的一大难点，为此国内许多位学者对此进行了大量研究。文献 [148] 提出了奇异值差分谱的概念：

$$D(\delta_i) = \delta_i - \delta_{i+1} \quad i = 1,2,\cdots,r-1, \quad (5.8)$$

该文认为 $D(\delta_i)$ 的最大值点为信号和噪声的分界点，即奇异值在该点发生了突变。文献 [115] 从信息熵的角度出发，提出了奇异熵的概念：

$$\begin{cases} P_i = \dfrac{\delta_i}{\sum\limits_{j=1}^{r}\delta_j}, \\[4mm] \Delta E_i = -P_i\ln P_i, \\[2mm] SE = \sum\limits_{i=1}^{r}\Delta E_{i\,\circ} \end{cases} \quad (5.9)$$

式中，ΔE_i 表示第 i 个奇异熵增量，SE 表示奇异熵。该文认为 SE 的饱和值点为信号和噪声的分界点，即加入新的奇异值不会再引入新的信息。文献［149］则认为奇异值曲线上的转折点是区分噪声和信号的关键，为此提出了奇异值曲率谱的概念：

$$C_i = \frac{|y_i''|}{(1 + y_i')^{1.5}} \text{。} \tag{5.10}$$

式中，y_i''、y_i' 分别表示第 i 个奇异值的二阶导数和一阶导数。该文认为奇异值曲率谱 C_i 的最大值点即是信号和噪声的分界点。

上述 3 种有效奇异值选取方法分别从不同的角度诠释了信号和噪声所对应的奇异值的差异性，在信号的信噪比较高时，这 3 种方法都能取得不错的去噪效果。然而，当信号的信噪比逐渐降低时，信号和噪声所对应的奇异值在幅值上的差异会逐渐减小，二者的边界将变得模糊。从模糊数学的角度考虑[150]，信号部分对应前若干个较大奇异值，噪声部分对应后若干个较小的奇异值，中间部分则是一个模糊区域，在这个区域信号和噪声并没有明显的边界，即该区域的奇异值是信号和噪声的共同作用造成。基于这一理念，本章提出了一种新的有效奇异值选取方法，该方法分为以下 4 个步骤：

（1）选取严格分界点

理论上奇异值差分谱上的局部极大值点都能反映奇异值大小的转变，最大值点最能突显这种变化，但是当奇异值的大小变化不剧烈时，若以最大值点为信号和噪声的分界容易导致微弱信号成分的丢失。据此，本文以 $D(\delta_i)$ 的最大值点为信号和噪声的严格分界点，即第一个奇异值到该点处的奇异值完全由信号部分表征，可以表示如下：

$$\theta_1 = find(D(\delta_i) = \max(D(\delta_i))), \tag{5.11}$$

式中，max 表示求最大值运算，$find$ 表示求索引运算。

（2）选取宽松分界点

严格意义上，信号和噪声的分界点应位于奇异值差分谱的某个较大的局部极大值点处，在极限情况下，这个较大的局部极大值点就是 $D(\delta_i)$ 的最大值点，但是该定义过于严苛。这里定义集合 Φ 为奇异值差分谱局部极大值点的集合，即：

$$\Phi = \{D(\delta_i) \mid D(\sigma_i) > D(\sigma_{i-1}), D(\sigma_i) > D(\sigma_{i+1})\}, \tag{5.12}$$

定义较大的局部极大值为：

$$\psi = \{D(\delta_i) \in \Phi \mid D(\delta_i) \geq D_{ave}\}, \tag{5.13}$$

式中，D_{ave} 表示所有局部极大值点的平均值，即集合中大于平均值的局部极大

101

值点为"显著"突变点。特别地,若差分谱的第一个值为全局最大值,则该点也需要包含在集合内。突变点不仅需要是显著突变点,同时应该是幅值较大的奇异值点,表明该奇异值不仅是一个"显著"的成分,并且下一时刻奇异值的幅值会发生"显著"变化。定义较大的奇异值为:

$$\Theta = \{\delta_i \mid \delta_i > mean(\delta_i)\}, \tag{5.14}$$

依据上述定义,信号和噪声的分界点应该位于集合 ψ 与集合 Θ 的索引 i 的交集中。由于 i 的值越大对应的奇异值越小,为更好地保留信号成分,这里以交集中最大的 i 为分界点,也就是说该点之后的奇异值完全由噪声表征,可以表示如下:

$$\theta_2 = \max_{index}(intersect(find(D(\delta_i) \geqslant D_{ave}), find(\delta_i > mean(\delta_i)))), \tag{5.15}$$

式中,$intersect$ 表示求交集运算,$\max_{index}$ 表示求最大值的索引运算。不难发现 θ_1 和 θ_2 满足 $\theta_2 \geqslant \theta_1$,当 $\theta_2 = \theta_1$ 时,奇异值差分谱的最大值点和宽松分界点重合。

(3)模糊区域内奇异值的权值分配

将 θ_1 与 θ_2 之间的区域定义为模糊区域,这里采用 3 个特征量对所有的奇异值进行模糊 C 均值聚类,从而得到模糊区域内奇异值的隶属度,即该区域中奇异值属于信号部分或是噪声部分的程度。这 3 个特征量分别为:

$$\begin{cases} fe1 = D(\delta_i), \\ fe2 = \Delta E_i, \\ fe3 = C_i \, \circ \end{cases} \tag{5.16}$$

为保证所有的特征量具有相同的维度,在 $fe1$ 的最后一个元素后补 0,在 $fe3$ 的第一个元素前补 0,这三个特征量分别从"突变程度""信息含量变化趋势""转折程度" 3 个角度去描述了奇异值,也有学者利用奇异值和奇异值差分谱这 2 个特征量去表征奇异值的特征[151],本文认为上述 3 个特征量的信息更完备。

模糊 C 均值聚类[152]算法是用隶属度确定每个元素属于某个类别程度的一种聚类算法。该算法需要预先确定类别个数,很明显,这里需要区分信号和噪声各自对应的奇异值。该算法的一般描述如下:

假设 $\boldsymbol{x}$ 是一个 d 维向量,样本集 $X = \{x_1, x_2, \cdots, x_l\}$。其中,$x_i = (x_{i1}, x_{i2}, \cdots, x_{id})$,$l$ 表示样本个数,i 为样本序列号,满足 $1 \leqslant i \leqslant l$。模糊 C 均值(Fuzzy C-Means, FCM)算法把 l 个数据向量 x_i 分为 c 个模糊类,并求每类的聚类中心,从而使模糊目标函数最小,模糊目标函数为:

$$J = \sum_{i=1}^{l} \sum_{j=1}^{c} (u_{ij})^r d_{ij}^2, \tag{5.17}$$

式中，u_{ij} 为样本个体 x_i 属于第 j 类的模糊隶属度，满足 $u_{ij} \in [0, 1]$；r 为模糊权重指数，满足 $r \in [1, \square)$；v_j 为第 j 类的聚类中心；d_{ij} 表示样本个体 x_i 到第 j 类的中心 v_j 的距离，即：

$$d_{ij} = \| x_i - v_j \| 。 \tag{5.18}$$

引入拉格朗日算子求解式（5.17）的最小值，定义函数 F：

$$F = \sum_{j=1}^{c} \sum_{i=1}^{l} u_{ij}^r d_{ij}^2 + \sum_{i=1}^{l} \lambda_i (\sum_{j=1}^{c} u_{ij} - 1), \tag{5.19}$$

分别对式（5.19）求偏导，得到使得式（5.17）达到最小值的必要条件为：

$$\begin{cases} \dfrac{\partial F}{\partial \lambda_i} = \sum_{j=1}^{c} u_{ij} - 1 = 0, \\[2mm] \dfrac{\partial F}{\partial u_{ij}} = \sum_{j=1}^{c} \sum_{i=1}^{l} r u_{ij}^{r-1} d_{ij}^2 - \sum_{i=1}^{l} \lambda_i = 0, \\[2mm] \dfrac{\partial F}{\partial d_{ij}} = \sum_{j=1}^{c} \sum_{i=1}^{l} 2 u_{ij}^m d_0 = 0。 \end{cases} \tag{5.20}$$

解方程组（5.20）即可得 u_{ij} 和 v_j 的计算公式分别为：

$$u_{ij} = \begin{cases} \left[\displaystyle\sum_{k=1}^{c} \dfrac{\| x_i - v_j \|^{\frac{2}{r-1}}}{\| x_i - v_k \|^{\frac{2}{r-1}}} \right]^{-1}, & \| x_i - v_k \| \neq 0, \\[4mm] 1, & \| x_i - v_k \| = 0, \ k = j, \\[2mm] 0, & \| x_i - v_k \| = 0, \ k \neq j, \end{cases} \tag{5.21}$$

$$v_j = \frac{\displaystyle\sum_{i=1}^{l} u_{ij}^r x_i}{\displaystyle\sum_{i=1}^{l} u_{ij}^r}。 \tag{5.22}$$

从式（5.21）和式（5.22）不难看出，目标函数的最小化是一个迭代求解的过程。其中，初始隶属度矩阵 $\boldsymbol{U}^0 = [u_{ij}^0]$ 和模糊权重指数 r 对聚类的结果影响较大。$\boldsymbol{U}^0$ 一般随机生成，r 的经验范围[153]为 $[1.5, 2.5]$。

（4）有效奇异值设定

若通过模糊 C 均值聚类后，模糊区域内的奇异值属于信号部分的程度为 $u = [u_{1+\theta_1}, u_{2+\theta_1}, \cdots, u_{\theta_2}]$，那么将区域 (θ_1, θ_2) 内的奇异值乘以对应的隶属度得到信号部分所对应的奇异值，即 $\delta_{\theta_1,\theta_2} = [\delta_{1+\theta_1}, \delta_{2+\theta_1}, \cdots, \delta_{\theta_2}] \times [u_{1+\theta_1}, u_{2+\theta_1}, \cdots, u_{\theta_2}]$。最终的有效奇异值集合为：

$$\delta_{1,\theta_2} = \{\delta_1, \delta_2, \cdots, \delta_{\theta_1}\} \cup \{\delta_{\theta_1,\theta_2}\}。 \qquad (5.23)$$

5.4.3 去噪算法流程

依据所提有效奇异值选取方法，本章所提光谱去噪算法的具体流程如下：

（1）构造轨道矩阵

假设 $x = [D(\lambda_1), D(\lambda_2), \cdots, D(\lambda_N)]$ 是波长范围为 $[\lambda_1, \lambda_N]$ 的紫外光谱信号的一阶导数谱，$D(\lambda_i)$ 表示波长 λ_i 处吸光度的一阶导数值。那么依据式（5.5），设定轨道矩阵的窗口长度为 $N/2$，则导数谱的轨道矩阵 X 可以表示如下：

$$X = \begin{bmatrix} D(\lambda_1) & D(\lambda_2) & \dots & D(\lambda_n) \\ D(\lambda_2) & D(\lambda_3) & \dots & D(\lambda_{n+1}) \\ \vdots & \vdots & & \vdots \\ D(\lambda_m) & D(\lambda_{m+1}) & \dots & D(\lambda_N) \end{bmatrix}, \qquad (5.24)$$

式中，$m = floor(N/2)$，$floor$ 表示向下取整运算。

（2）奇异值分解

对轨道矩阵进行奇异值分解，得到奇异值序列。同时依据式（5.8）、式（5.9）和式（5.10）分别求取奇异值差分谱、奇异熵增量和奇异值曲率谱，组成表征奇异值特性的三维特征向量。

（3）边界选取

依据式（5.11）和式（5.15）获取两个边界 θ_1 和 θ_2。

（4）模糊 C 均值聚类

设定模糊权重指数 r 为 2，依据获取的三维特征向量对所有奇异值进行聚类。将奇异值分为 2 类（信号和噪声部分），得到奇异值对信号部分的隶属度，依据式（5.23）得到有效奇异值集合。

（5）信号重构

依据有效奇异值集合得到重构后的轨道矩阵，对其进行对角平均化，得到去噪后的光谱信号。

从上述流程不难发现，所提算法只需要设定轨道矩阵窗口长度和有效奇异值集合这 2 个参量，其中前者已经取得了较多的研究结论，后者则一直是奇异谱分析算法在各领域中应用的关键问题。由于需要设定的参数较少，该算法有效降低了参数设定对去噪效果的影响。

5.4.4 去噪算法的性能评价

由于无法获得无噪信号，以实验室所测 SO₂ 紫外一阶导数谱（浓度为 5 μL/L，观察波段为 290~310 nm）为标准光谱信号，向该光谱信号中加入不同强度的白噪声，获得信噪比分别为 3 dB、5 dB 和 10 dB 的含噪光谱信号。为定量描述算法性能，采用信噪比（SNR）、均方根误差（RMSE）、波形相似系数（NCC）和相对平滑度比值（RSR）为评价指标。其中，SNR、RMSE 和 NCC 的计算公式和物理意义已经在本文第三章中详细说明，这里不再赘述。RSR 表示去噪后光谱信号与标准光谱信号平滑程度的相似度，其值越接近 1 表示去噪后光谱信号的平滑程度与标准光谱的平滑程度越接近，具体表达式如下：

$$RSR = \frac{\sum_{n=1}^{N-1} (s(n+1) - s(n))^2}{\sum_{n=1}^{N-1} (y(n+1) - y(n))^2}。 \tag{5.25}$$

式中，$s(n)$ 表示标准光谱信号，$y(n)$ 表示去噪后的光谱信号。

采用的对比方法包括数学形态学滤波算法（结构元素为椭圆形，幅值为 0，长度为 4）及基于奇异值差分谱最大谱峰的去噪算法。不同算法的去噪结果如图 5.8 所示。

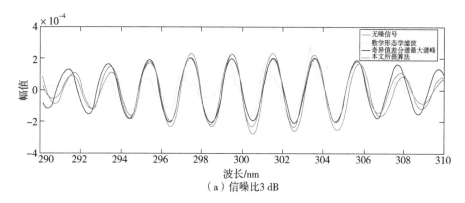

（a）信噪比 3 dB

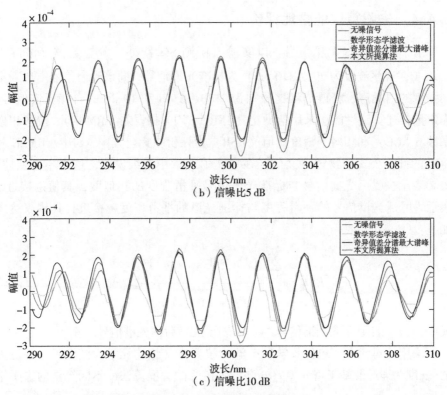

（b）信噪比5 dB

（c）信噪比10 dB

图 5.8　不同算法的去噪结果

从图 5.8 可以看到，数学形态学滤波算法只能还原原始光谱信号的大致轮廓，当信号的信噪比较低时，该算法会导致波形的严重失真。奇异谱分析算法则能有效还原信号的周期性峰谷变化特征，但是会出现轻微的峰谷偏移，并且奇异值差分谱最大谱峰算法所导致的偏移现象要比本文所提算法严重（信噪比为 3 dB 时最为明显）。采用上文所提指标，对这几种去噪算法的性能进行定量比对，结果如表 5.3 所示。

表 5.3　不同去噪算法的性能对比

原始信号信噪比/dB	方法	评价指标			
		SNR/dB	$RMSE$	NCC	RSR
3	数学形态学滤波算法	3.36	$9.10×10^{-5}$	0.73	1.24
	奇异值差分谱最大谱峰算法	7.61	$5.58×10^{-5}$	0.91	**1.08**
	本文所提算法	**11.57**	**$3.54×10^{-5}$**	**0.96**	1.14

续表

原始信号信噪比/dB	方法	评价指标			
		SNR/dB	RMSE	NCC	RSR
5	数学形态学滤波算法	3.24	$9.22×10^{-5}$	0.72	1.28
	奇异值差分谱最大谱峰算法	7.16	$5.87×10^{-5}$	0.91	0.96
	本文所提算法	**9.05**	**$4.72×10^{-5}$**	**0.94**	**1.01**
10	数学形态学滤波算法	4.40	$8.07×10^{-5}$	0.80	1.56
	奇异值差分谱最大谱峰算法	7.97	$5.35×10^{-5}$	0.92	**1.01**
	本文所提算法	**12.84**	**$3.05×10^{-5}$**	**0.97**	1.05

　　从表 5.3 可以看到，与数学形态学滤波算法相比，对于具有周期性特征的光谱信号，奇异谱分析算法明显具有更好的噪声抑制效果。而对于 2 种不同的有效奇异值选取方法，本文所提算法则要优于最大谱峰算法。以信噪比为 3 dB 的含噪光谱信号为例展开详细分析，含噪光谱信号和无噪光谱信号的频谱如图 5.9 所示。

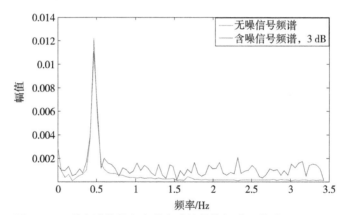

图 5.9　无噪光谱信号和含噪光谱信号的频谱（信噪比：3 dB）

　　可以看到，无噪光谱信号和含噪光谱信号的最大频率分量大约都为 0.5 Hz，这说明信号中的有效频率成分在 0.5 Hz 附近，其余频率成分主要为噪声。进一步对含噪信号进行奇异值分解，其奇异值序列和奇异值差分谱如图 5.10 所示。

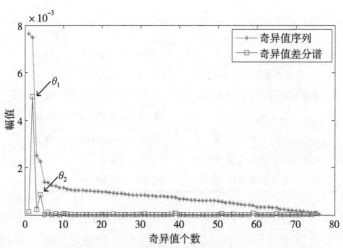

图 5.10   含噪光谱信号的奇异值序列和奇异值差分谱（信噪比：3 dB）

可以发现，奇异值差分谱的最大谱峰出现在第 2 个点，而本文所提算法则认为第 3 个和第 4 个奇异值仍然包含某些有用信息。对这 4 个奇异值分别进行重构，结果如图 5.11 所示。

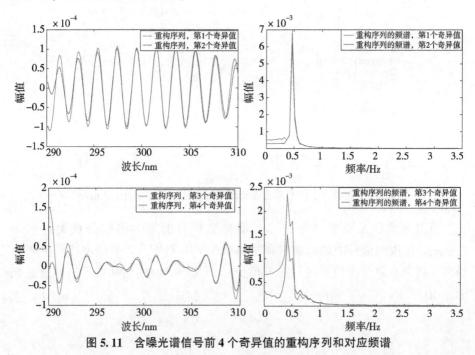

图 5.11   含噪光谱信号前 4 个奇异值的重构序列和对应频谱

不难看出，前 2 个奇异值的重构序列具有明显的周期性波动特征，且最大频率分量都在 0.5 Hz 附近。第 3 和第 4 个奇异值的重构序列则不具备那么明显的周期性波动特征，虽然它们的最大频率分量仍然在 0.5 Hz 附近，但是谱图上出现了 2 个谱峰，并且幅值较小的谱峰更接近 0.5 Hz。继续观察第 5 个奇异值的重构序列，如图 5.12 所示。我们发现，重构序列的最大频率分量出现在 3~3.5 Hz，已经偏离了有效成分所对应的频率。由此可以推断，前 2 个奇异值完全对应信号部分，第 3 和第 4 个奇异值含有某些有用信息，第 5 个奇异值则表征信号的趋势分量。

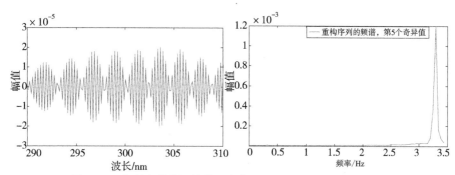

图 5.12　含噪光谱信号的第 5 个奇异值的重构序列和对应频谱

5.4.5　多元线性回归

λ_i 处的一阶导数谱可以表示为 $D_i = A(\lambda_{i+1}) - A(\lambda_i) = (K(\lambda_{i+1}) - K(\lambda_i))lc$，将不同波点处的一阶导数谱累加求和可以得到下式：

$$\sum_{i=1}^{n-1} \frac{1}{(K(\lambda_{i+1}) - K(\lambda_i))l} D_i = (n-1)c, \qquad (5.26)$$

令 $\dfrac{1}{[(K(\lambda_{i+1}) - K(\lambda_i))l](n-1)} = \alpha_i$，可得：

$$c = \alpha_1 D_1 + \alpha_2 D_2 + \cdots + \alpha_{n-1} D_{n-1}。 \qquad (5.27)$$

式中，n 表示波点个数。不难发现，当 $K(\lambda_i)$ 和 l 为常数时，D_i 与浓度 c 存在多元线性关系，因此可以通过多元线性回归的方式得到二者之间的映射关系。

为利用紫外光谱检测系统实现 SO_2 的定量检测，建立偏最小二乘（Partial Least Squares Regression，PLSR）定量回归模型。PLSR 是一种在化学计量学中被广泛采用的多元线性回归方法，应用 PLSR 可较方便地建立光谱序列与待测组分浓度间的映射关系，并且消除共线性问题对回归的影响。

定义自变量和因变量的数据表分别为 $\boldsymbol{x}_{m \times n} = [\boldsymbol{x}_1, \cdots, \boldsymbol{x}_m]^T$ 和 $\boldsymbol{Y}_{m \times r} = [\boldsymbol{y}_1, \cdots, \boldsymbol{y}_m]^T$，其中，$x_i$ 是一个长度为 n 的列向量，y_i 是一个长度为 r 的列向

量（$i = 1, 2, \cdots, m$）。PLSR 将自变量和因变量分别投射到空间 $P_{n \times s} = [P_1, \cdots, P_s]$ 和 $q_{r \times t} = [q_1, \cdots, q_t]$ 形成新的成分 $U_{m \times s}$ 和 $V_{m \times t}$，使得 $s < n$、$t < r$，同时满足 P_i 和 q_i 是投影方差最大和两者相关性最大的权衡，并进一步对 $U_{m \times s}$ 和 $V_{m \times t}$ 进行普通的最小二乘回归，普通的最小二乘回归模型可以表示为 $UA = V$，相应的回归系数为 $A = (UU)^{-1}UV$。

采用图 5.3 所示紫外光谱检测系统在实验室构建回归样本集：首先，获取不同浓度 SO_2 标准气体在特征波段（290~310 nm）的一阶导数谱，然后采用上文所述去噪算法对采集的光谱信号进行去噪，样本集的具体信息如表 5.4 所示：

表 5.4 PLSR 回归样本集

SO_2 浓度/（μL/L）	背景气体	微水含量
0.5, 0.8, 1, 2, 3		
4, 5, 6, 7, 8, 9	SF$_6$	<100 μL/L
10, 20, 30		

PLSR 通过投影的方式将高维空间中的变量转换到低维空间[154]，用以消除变量之间的相关性。因此，设定参与回归的成分个数是一个非常重要的问题。如果选定的成分个数过少，原变量中的某些信息就会丢失，如果选定的成分个数过多，可能导致数据的过拟合。学术上常采用交叉验证[155]（Cross Validation, CV）的方法来考查新增成分后模型的预测能力是否发生变化，以此确定最佳回归成分个数。

在 CV 中，全部样本集将被分成校正样本集和预测样本集 2 个部分，前者用于模型的建立，后者用于模型的预测，本书第四章介绍了几种常用的 CV 方法，由于样本个数不多，这里采用留一法进行交叉验证，即每次选取一个样本为预测样本，其余样本为训练样本，然后改变预测样本直到每个样本都被选为预测样本。为直观地对模型的拟合效果做出判断，这里采用预测残差平方和（Predicted Residual Sum of Squares, RRESS）来判断新引入的成分是否对模型的预测能力有所改进，其表达式如下：

$$PRESS = \sum_{i=1}^{m} (\hat{y}_i - y_i)^2, \qquad (5.28)$$

式中，$\hat{y}_i$ 表示第 i 个样本的预测值，y_i 表示第 i 个样本的真实值，PRESS 的值越小模型的预测能力越强。经计算，当选择 5 个回归成分时 PRESS 的值最小。

采用上文所提去噪方法对采集的光谱信号去噪，随后进行定量分析。所设计的紫外光谱检测系统能够测得的 SO_2 最低浓度为 0.5 μL/L，由于无法配置更低浓度的 SO_2，本书未对 0.5 μL/L 以下浓度的 SO_2 进行检测。对于 SO_2 的预警门限，南方电网公司颁布的《电力设备预防性试验规程》（Q/CSG 114002—2011）建议其注意值为 3 μL/L，并且建议投产 1 年内每 3 个月检测一次[156]，国家电网公司发布的行业标准《SF₆气体分解产物检测技术现场应用导致》（Q/GDW 1896—2013）也给出了相应的指导建议。如表 5.5 所示：

表 5.5　国家电网公司推荐的 SO_2 检测指标

检测指标/μL/L		评价
≤1	正常	设备正常
1~5*	注意	缩短检测周期
5~10	警示	跟踪检测，综合诊断
>10	警示	综合诊断

注：*表示不大于该值。

可以看到，当 SO_2 的浓度值超过 1 μL/L 时，就需要引起维护人员的注意，当其含量达到 5 μL/L 时就需要发出警示。而本系统的最低检测限约为 0.5 μL/L，满足现场使用的要求。

5.5　本章小结

本章在总结现有分解物检测技术的基础上，提出了基于紫外光谱检测技术的 SO_2 现场检测方案。小结如下：

①SOF_2、SO_2F_2 和 SO_2 是 PD 现场检测中推荐的检测组分，而现有的现场检测技术还很难实现 SOF_2 和 SO_2F_2 的高精度检测。

②研究了 SF₆ 及其主要分解产物的紫外光谱吸收特性，发现仅 SO_2 在 290~310 nm 波段具有类正弦的峰谷吸收特征且信号的主要频率成分在 0.5 Hz 附近，据此选定此波段为特征吸收波段。进一步研究了 PD 分解气体的紫外光谱吸收特性，发现在特征波段 SF₆ 复杂的分解产物不会对 SO_2 的检测造成明显干扰。

③为解决现场检测设备易受随机噪声干扰的问题，提出了基于奇异谱分析的自适应光谱信号去噪算法，并给出了一种新的有效期奇异值选取策略。通过与目前常用的几种常用光谱去噪算法的对比，验证了本书所提算法的有效性。

④为得出所提紫外光谱检测系统的最低检测限，配置了不同浓度的 SO_2 标准气体，并采用 PLSR 模型进行定量分析，得到本系统的最低检测限不高于 0.5 μL/L，满足现场使用的要求。

⑤采用所提紫外光谱检测系统对 GIS 内 SO_2 进行检测只能对 PD 的有无做粗略判断，更适合故障的及时发现和预警，还无法做到故障类型的辨识。

第六章　总结与展望

6.1　主要结论

PD 不仅是 GIS 内部绝缘状况的重要特征量，也是设备绝缘劣化的早期表征，对 PD 进行准确检测与诊断是保证 GIS 安全运行，指导设备合理检修的关键。本书在充分研究现有 PD 检测技术与诊断方法的基础上，重点关注了 UHF 法和化学法在 PD 检测与诊断中的若干问题，主要包括：UHF PD 信号的噪声抑制、PD 下 SF_6 气体的分解特性及特征分解组分的现场检测、UHF PD 信号的特征提取与模式识别。论文取得的主要研究成果和结论如下：

（1）分别设计和进行了基于 UHF 法和化学法的 PD 模拟实验

分析了 GIS 内部常见的 4 种绝缘缺陷产生的原因并设计了它们的物理模型，在小型实验平台上分别进行了基于 UHF 法和化学法的局部放电模拟实验，收集了大量的 UHF PD 波形数据和 SF_6 分解组分信息。

不同缺陷下，UHF PD 信号的时域波形具有相似的概貌和不同的细节，UHF PD 信号的频谱则在概貌和细节上均具有明显差异，这些特征为 PD 的分类识别提供了依据。

不同缺陷下，SF_6 分解物的总生成量满足：MP 型缺陷>FP 型缺陷>MC 型缺陷>IG 型缺陷。其中，SFO_2 和 SF_2O_2 含量的增长趋势体现出较好的一致性。多类 PD 下均有 SO_2 的产生，但是其含量相对较低。当缺陷涉及有机绝缘材料时，碳氧分解物的含量比例有所增加。

（2）提出了一种新的 UHF PD 信号去噪算法

UHF PD 信号中的有效成分主要为 PD 脉冲。PD 脉冲具有陡峭的上升沿和相对平缓的下降沿，并且具有明显的衰减振荡特性，通常被认为是 UHF PD 信号中的突变成分。分析 UHF PD 信号的频谱发现，PD 脉冲的频谱具有以某一频率为中心，向左右两侧衰减的特征，中心频率处的谱线幅值要高于边带部分。据此，通过数学形态学滤波、包络提取及阈值处理在频域上识别 PD 脉冲的中心频率。随后，以 PD 脉冲的中心频率为对称轴，加窗截取频谱并进行傅里叶反变换得到不同窗长的窄带信号，通过计算不同窗长窄带信号的峭度值自适应获取 PD 脉冲的频宽，实现脉冲的频谱定位。最后，利用小波去噪法去除与 PD 脉冲同频段的白噪声。仿真和实测数据分析表明，所提去噪算法不仅具有较好的噪声抑制能力，并且能够极大保留信号中的有效成分。

（3）提出了一种新的 UHF PD 模式识别算法

针对 UHF PD 模式识别算法在信号受到噪声干扰后分类准确率下降的问题，提出了基于 Stockwell 变换和奇异值分解的 UHF PD 信号特征提取方法，得到了表征 PD 的 24 维特征变量。以支持向量机（SVM）为分类器，并采用粒子群算法对其进行最优参数选择，实现了强背景噪声下 UHF PD 信号的有效分类。结果表明，在不去噪的情况下，对于原始信号，所提方法可以达到 98.3% 的分类准确率；对于加噪信号（信噪比为 −10 dB），所提方法可以达到 88.3% 的分类准确率。

（4）设计了 SF_6 特征分解组分现场检测系统

在充分回顾 SF_6 分解机制并对实验数据进行详细分析的基础上，确定 SO_2 是 PD 下 SF_6 典型且稳定的分解产物，并将其选为特征分解组分。进一步，提出利用紫外光谱检测技术实现 SO_2 的现场检测。研究了 SF_6 某些主要分解产物的紫外光谱吸收特性，发现 SO_2 在 290~310 nm 波段具有类正弦的周期性峰谷吸收特征，并且其他物质不会对 SO_2 的紫外检测造成明显干扰。

针对现场噪声抑制的问题，首先采用一阶导数对光谱信号进行基线校正，随后提出基于奇异谱分析的自适应光谱信号去噪算法。重点研究了有效奇异值的选取，并从模糊数学的角度提出了一种新的有效奇异值选取策略。结果表明，该方法能够有效提取光谱信号中的周期性波动特征，无须人工指定参数。

为实现 SO_2 的定量检测，提出采用偏最小二乘回归（PLSR）模型建立吸光度与 SO_2 浓度之间的映射关系。结果表明，所提检测系统能够识别低至 0.5 μL/L 的 SO_2 气体，满足现场检测的要求。

6.2 后续研究展望

本书在 UHF PD 的噪声抑制、模式识别、SF_6 特征组分的选取及特征组分的现场检测等方面取得了一定进展。但是由于实验室条件与现场真实环境，模拟气室与实际 GIS 均存在一定差异，本书的研究工作仍有许多需要完善的地方。

（1）本书实验采用自行设计搭建的模拟实验平台，气室结构较为简单，并未充分考虑 UHF PD 信号在传播过程中的衰减和畸变，同时由于气室体积较小，采集的分解物组分信息也相对较少。为使得实验结论具有更好的推广意义，今后实验中考虑采用与实际设备结构、尺度更相似的实验平台。

（2）影响 SF_6 分解的因素较多，除了缺陷类型，还包括放电电压、微水、微氧含量及吸附剂种类和含量等（尤其是吸附剂）。本书只进行了 4 种缺陷下，单一放电电压的模拟实验，并未充分考虑其他影响因素，因此还需进行不同实验条件下的放电实验，获取更加完备的实验数据。

（3）对于化学法，本书研究了紫外光谱检测技术用于 SO_2 检测的有效性和优越性。由于单一的气体成分只能用于故障有无的粗略判断，为进一步提高检测结论的可靠性，同时为利用 SF_6 分解组分实现 PD 的分类，今后考虑研究其他分解产物的现场检测技术，如 SO_2F_2、SOF_2、H_2S、CO_2、CF_4 等物质。

（4）本书只是分别研究了 UHF 法和化学法在 PD 检测与诊断中的若干问题，并未研究二者的融合问题。已有学者在深入分析 SF_6 分解物生成特性与故障类型映射关系的基础上，尝试在决策级融合化学法和 UHF 法，以提高故障分类的准确率[157]。今后考虑研究 PD 的多手段联合检测的问题。

（5）近年来，有关 GIS 的状态评估和状态检修的研究越来越受到国内外学者的关注。要实现 GIS 运行状况的有效评估首先需要对 GIS 的运行状态进行合理划分，其次建立各状态与检测参量之间的映射模型。今后考虑进行长时间的放电实验，研究 GIS 从 PD 发生直至设备击穿的整个绝缘劣化过程中 UHF 信号及 SF_6 分解产物的阶段性特征，建立 GIS 的绝缘退化模型，为 GIS 的全生命周期管理提供理论和方法依据。

参考文献

［1］严璋，朱德恒．高电压绝缘技术［M］．北京：中国电力出版社，2007．

［2］李立学．GIS局部放电超高频包络检测研究［D］．上海：上海交通大学，2009．

［3］陶加贵．组合电器局部放电多信息融合辨识与危害性评估研究［D］．重庆：重庆大学，2013．

［4］李莉苹．气体组合电器绝缘状态评估与故障诊断技术研究［D］．重庆：重庆大学，2015．

［5］汪沨，邱毓昌．气体绝缘开关装置（GIS）的近期发展动向［J］．电网技术，2003，27（2）：54-57．

［6］宋杲，李炜，宋竹生，等．国网公司系统组合电器运行情况分析［J］．高压电器，2009，45（6）：78-82．

［7］陈俊．基于气体分析的SF_6电气设备潜伏性缺陷诊断技术研究及应用［D］．武汉：武汉大学，2014．

［8］范庆涛．六氟化硫气体过热性分解实验系统研制及实验方法研究［D］．重庆：重庆大学，2013．

［9］RAYMOND W J K, ILLIAS H A, BAKAR A H A, et al. Partial discharge classifications：Review of recent progress［J］. Measurement, 2015, 68：164-181.

［10］WU M, CAO H, CAO J N, et al. An overview of state-of-the-art partial discharge analysis techniques for condition monitoring［J］. IEEE electrical insulation magzine, 2015, 31 (6)：22-35.

［11］AENOR. High-Voltage Test Techniques - Partial Discharge Measurements：UNE-EN 60270-2002［S］. Geneva：International electrochemical commission, 2000.

［12］STONE G C. Partial discharge diagnostics and electrical equipment insulation condition assessment［J］. IEEE Transactions on Dielectrics and Electrical Insulation, 2005, 12 (5)：891-904.

［13］HOSHINO T, KOYAMA H, MARUYAMA S, et al. Comparison of sensitivity between UHF method and IEC 60270 for onsite calibration in various GIS［J］. IEEE transactions on power delivery, 2006, 21 (4)：1948-1953.

［14］ KAMEI M, TAKAI O. Influence of sensor information accuracy on condition-based mainte-nance strategy for GIS/GCB maintenance ［J］. IEEE transactions on power delivery, 2011, 26（2）：625-631.

［15］ TANG J, ZHUO R, WANG D, et al. Application of SA-SVM incremental algorithm in GIS PD pattern recognition ［J］. Journal of electrical engineering & technology, 2016, 11 （1）：192-199.

［16］ 鲍永胜，郝峰杰，徐建忠，等. GIS 局部放电脉冲分类特征提取算法 ［J］. 电工技术学报，2016, 31（9）：181-188.

［17］ WU R N, CHUANG I H, CHANG C K. Classification of partial discharge patterns in GIS using adaptive neuro-fuzzy inference system ［J］. Journal of the Chinese institute of engi-neers, 2014, 37（8）：1043-1054.

［18］ 西安交通大学，邱毓昌 GIS 装置及其绝缘技术 ［M］. 北京：水利电力出版社，1994.

［19］ 周倩. 组合电器局部放电超高频信号数学模型构建和模式识别研究 ［D］. 重庆：重庆大学，2007.

［20］ 陈宏福. 超声波法检测 GIS 局部放电的研究 ［D］. 上海：上海交通大学，2008.

［21］ 李颖. GIS 局部放电超声检测技术的研究及应用 ［D］. 大连：大连理工大学，2014.

［22］ GRUM F, COSTA L F. Spectral emission of corona discharges ［J］. Applied optics, 1976, 15（1）：76-79.

［23］ REN M, DONG M, LIU J L. Statistical analysis of partial discharges in SF_6 gas via optical detection in various spectral ranges ［J］. Energies, 2016, 9（3）：152.

［24］ 王先培，肖伟，胡明宇，等. 基于 SF_6 分解产物融合判断的 GIS 绝缘劣化趋势划分 ［J］. 高电压技术，2016, 42（6）：1834-1840.

［25］ VAN BRUNT R J, HERRON J T. Fundamental processes of SF_6, decomposition and oxida-tion in glow and corona discharges ［J］. Electrical insulation IEEE transactions on, 1990, 25（1）：75-94.

［26］ 汲胜昌，钟理鹏，刘凯，等. SF_6 放电分解组分分析及其应用的研究现状与发展 ［J］. 中国电机工程学报，2015, 35（9）：2318-2332.

［27］ 孟庆红. 不同绝缘缺陷局部放电下 SF_6 分解特性与特征组分检测研究 ［D］. 重庆：重庆大学，2010.

［28］ CAI W, TANG J, CHENG L, et al. Detection of SF_6 decomposition components under par-tial discharge by photoacoustic spectrometry and its temperature characteristic ［J］. IEEE transactions on instrumentation and measurement, 2016, 65（6）：1343-1351.

［29］ ZHANG X, LIU H, REN J, et al. Fourier transform infrared spectroscopy quantitative a-nalysis of SF_6 partial discharge decomposition components ［J］. Spectrochimica acta part A：molecular and biomolecular spectroscopy, 2015, 136：884-889.

［30］ 代荡荡，王先培，胡红红，等. 基于紫外光谱的 GIS 局部放电快速检测方法研究

[J]. 光谱学与光谱分析，2014，34（12）：3312-3316.

[31] ZHAO Y, WANG X, DAI D, et al. Partial discharge early-warning through ultraviolet spectroscopic detection of SO_2 [J]. Measurement Science and Technology, 2014, 25 (3): 1-9.

[32] 任江波. 基于红外吸收光谱法的 SF_6 局部放电分解组分特性研究 [D]. 重庆：重庆大学，2010.

[33] TANG J, LIU F, ZHANG X, et al. Partial discharge recognition through an analysis of SF_6 decomposition products part 1: decomposition characteristics of SF_6 under four different partial discharges [J]. IEEE Transactions on dielectrics and electrical insulation, 2012, 19 (1): 29-36.

[34] TANG J, LIU F, MENG Q, et al. Partial discharge recognition through an analysis of SF_6 decomposition products part 2: feature extraction and decision tree-based pattern recognition [J]. IEEE Transactions on Dielectrics and Electrical Insulation, 2012, 12 (1): 37-44.

[35] TANG J, LIU F, ZHANG X, et al. Partial discharge recognition based on SF_6 decomposition products and support vector machine [J]. Iet science measurement & technology, 2012, 6 (4): 198-204.

[36] 唐炬，陈长杰，刘帆，等. 局部放电下 SF_6 分解组分检测与绝缘缺陷编码识别 [J]. 电网技术，2011，35（1）：110-116.

[37] 唐炬，梁鑫，姚强，等. 微水微氧对 PD 下 SF_6 分解特征组分比值的影响规律 [J]. 中国电机工程学报，2012，32（31）：78-84.

[38] 张晓星. 组合电器局部放电非线性鉴别特征提取与模式识别方法研究 [D]. 重庆：重庆大学，2006.

[39] 汲胜昌，王圆圆，李军浩，等. GIS 局部放电检测用特高频天线研究现状及发展 [J]. 高压电器，2015，51（4）：163-172.

[40] 段大鹏. 基于 UHF 方法的 GIS 局部放电检测与仿生模式识别 [D]. 上海：上海交通大学，2009.

[41] 郑闻文，李功新，舒胜文. GIS 局部放电 UHF 检测系统性能检验方法研究进展 [J]. 电气技术，2016，17（10）：1-7.

[42] OKABE S, UETA G, HAMA H, et al. New aspects of UHF PD diagnostics on gas-insulated systems [J]. IEEE transactions on dielectrics and electrical insulation, 2014, 21 (5): 2245-2258.

[43] WANG Y, WU J, LI Z, et al. Research on a practical de-noising method and the characterization of partial discharge UHF signals [J]. IEEE Transactions on dielectrics and electrical insulation, 2014, 21 (5): 2206-2216.

[44] DARABAD V P, VAKILIAN M, BLACKBURN T R, et al. An efficient PD data mining

method for power transformer defect models using SOM technique [J]. International journal of electrical power & energy systems, 2015, 71: 373-382.

[45] GAO W, ZHAO D, DING D, et al. Investigation of frequency characteristics of typical PD and the propagation properties in GIS [J]. IEEE transactions on dielectrics and electrical insulation, 2015, 22 (3): 1654-1662.

[46] DUAN D, TENG L, QIAN Y, et al. Experimental study and feature extraction on UHF partial discharge detection for typical model in air [C] //International Conference on Condition Monitoring and Diagnosis, 2008: 1040-1043.

[47] DONG Y, TANG J, ZENG F, et al. Features extraction and mechanism analysis of partial discharge development under protrusion defect [J]. Journal of electrical engineering & technology, 2015, 10 (1): 344-354.

[48] MA H, CHAN J C, SAHA T K, et al. Pattern recognition techniques and their applications for automatic classification of artificial partial discharge sources [J]. IEEE transactions on dielectrics and electrical insulation, 2013, 20 (2): 468-478.

[49] SAHOO N C, SALAMA M, BARTNIKAS R. Trends in partial discharge pattern classification: A survey [J]. IEEE transactions on dielectrics and electrical insulation, 2005, 12 (2): 248-264.

[50] VAN DER MAATEN L, HINTON G. Visualizing data using t-SNE [J]. Journal of machine learning research, 2008, 9: 2579-2605.

[51] KRIVDA A, GULSKI E, SATISH L, et al. The use of fractal features for recognition of 3-D discharge patterns [J]. IEEE transactions on dielectrics & electrical insulation, 1995, 2 (5): 889-892.

[52] SATISH L, ZAENGL W S. Can fractal features be used for recognizing 3-d partial discharge patterns [J]. IEEE transactions on dielectrics and electrical insulation, 1995, 2 (3): 352-359.

[53] LALITHA E M, SATISH L. Fractal image compression for classification of PD sources [J]. IEEE transactions on dielectrics and electrical Insulation, 1998, 5 (4): 550-557.

[54] LI J, SUN C, GRZYBOWSKI S. Partial discharge image recognition influenced by fractal image compression [J]. IEEE transactions on dielectrics and electrical insulation, 2008, 15 (2): 496-504.

[55] CHEN H C. Partial discharge identification system for highvoltage power transformers using fractal featurebased extension method [J]. Iet science measurement & technology, 2013, 7 (2): 77-84.

[56] 李剑, 孙才新, 杜林, 等. 局部放电图像组合特征提取方法 [J]. 高电压技术, 2004, 30 (6): 11-13.

[57] 冯伟. 基于小波变换的图像分解、去噪和压缩编码的研究 [D]. 上海: 上海交通大

学, 2003.

[58] LALITHA E M, SATISH L. Wavelet analysis for classification of multi-source PD patterns [J]. IEEE transactions on dielectrics and electrical insulation, 2000, 7 (1): 40-47.

[59] WANG X, LI X, RONG M, et al. UHF signal processing and pattern recognition of partial discharge in gas - insulated switchgear using chromatic methodology [J]. Sensors, 2017, 17 (1): 177.

[60] BABNIK T, AGGARWAL R K, MOORE P J. Principal component and hierarchical cluster analyses as applied to transformer partial discharge data with particular reference to transformer condition monitoring [J]. IEEE transactions on power delivery, 2008, 23 (4): 2008-2016.

[61] PATTANADECH N, NIMSANONG P. Partial discharge classification using principal component analysis combined with self-organizing map [C] // TENCON 2014 - 2014 IEEE Region 10 Conference. IEEE, 2015: 1-5.

[62] EVAGOROU D, KYPRIANOU A, LEWIN P L, et al. Feature extraction of partial discharge signals using the wavelet packet transform and classification with a probabilistic neural network [J]. Iet science measurement & technology, 2010, 4 (3): 177-192.

[63] 唐炬, 李伟, 欧阳有鹏. 采用小波变换奇异值分解方法的局部放电模式识别 [J]. 高电压技术, 2010, 36 (7): 1686-1691.

[64] 唐炬, 董玉林, 樊雷, 等. 基于 Hankel 矩阵的复小波-奇异值分解法提取局部放电特征信息 [J]. 中国电机工程学报, 2015, 35 (7): 1808-1817.

[65] LI J, JIANG T, HARRISON R F, et al. Recognition of ultra high frequency partial discharge signals using multi - scale features [J]. IEEE transactions on dielectrics and electrical insulation, 2012, 19 (4): 1412-1420.

[66] LIAO R, GUO C, WANG K, et al. Adaptive optimal kernel time-frequency representation technique for partial discharge ultra-high-frequency signals classification [J]. Electric power components and systems, 2015, 43 (4): 449-460.

[67] 汪可, 廖瑞金, 王季宇, 等. 局部放电 UHF 脉冲的时频特征提取与聚类分析 [J]. 电工技术学报, 2015, 30 (2): 211-219.

[68] ZHU M X, XUE J Y, ZHANG J N, et al. Classification and separation of partial discharge ultra-high-frequency signals in a 252 kV gas insulated substation by using cumulative energy technique [J]. Iet science measurement technology, 2016, 10 (4): 316-326.

[69] 丁登伟, 高文胜, 刘卫东. 采用特高频法的 GIS 典型缺陷特性分析 [J]. 高电压技术, 2011, 37 (3): 706-710.

[70] ZIOMEK W, REFORMAT M, KUFFEL E. Application of genetic algorithms to pattern recognition of defects in GIS [J]. IEEE Transactions on Dielectrics and Electrical Insulation, 2000, 7 (2): 161-168.

［71］ GAO W, DING D, LIU W. Research on the Typical Partial Discharge Using the UHF Detection Method for GIS［J］. IEEE Transactions on Power Delivery, 2011, 26（4）: 2621-2629.

［72］ CONTIN A, PASTORE S. Classification and separation of partial discharge signals by means of their auto-correlation function evaluation［J］. IEEE transactions on dielectrics and electrical insulation, 2009, 16（6）: 1609-1622.

［73］ LI J, LIAO R J, GRZYBOWSKI S, et al. Oil-paper aging evaluation by fuzzy clustering and factor analysis to statistical parameters of partial discharges［J］. IEEE transactions on dielectrics & electrical insulation, 2010, 17（3）: 756-763.

［74］ HAO L, LEWIN P L, HUNTER J A, et al. Discrimination of multiple PD sources using wavelet decomposition and principal component analysis［J］. IEEE transactions on dielectrics & electrical insulation, 2011, 18（5）: 1702-1711.

［75］ LAI K X, PHUNG B T, BLACKBURN T R. Descriptive data mining of partial discharge using decision tree with genetic algorithm［C］// Power Engineering Conference. IEEE, 2015: 1-6.

［76］ ABDEL-GALIL T K, SHARKAWY R M, SALAMA M M A, et al. Partial discharge pattern classification using the fuzzy decision tree approach［J］. IEEE Transactions on Instrumentation & measurement, 2005, 54（6）: 2258-2263.

［77］ CONTIN A, CAVALLINI A, MONTANARI G C, et al. Digital detection and fuzzy classification of partial discharge signals［J］. IEEE transactions on dielectrics & electrical insulation, 2002, 9（3）: 335-348.

［78］ SALAMA M M A, BARTNIKAS R. Fuzzy logic applied to PD pattern classification［J］. IEEE transactions on dielectrics & electrical insulation, 2000, 7（1）: 118-123.

［79］ CHANG W Y. Partial Discharge pattern recognition of cast resin current transformers using radial basis function neural network［J］. Journal of electrical engineering and technology, 2014, 9（1）: 293-300.

［80］ DANIKAS M G, GAO N, ARO M. Partial discharge recognition using neural networks: a review［J］. Electrical engineering, 2003, 85（2）: 87-93.

［81］ HAO L, LEWIN P L, DODD S J. Comparison of support vector machine based partial discharge identification parameters［C］// IEEE International Symposium on Electrical Insulation. 2006: 110-113.

［82］ ROBLES G, PARRADO-HERNáNDEZ E, ARDILA-REY J, et al. Multiple partial discharge source discrimination with multiclass support vector machines［J］. Expert systems with applications, 2016, 55: 417-428.

［83］ LAI K X, PHUNG B T, BLACKBURN T R. Application of data mining on partial discharge part I: predictive modelling classification［J］. IEEE transactions on dielectrics and electrical insulation, 2010, 17 (3): 846-854.

[84] 李军浩, 韩旭涛, 刘泽辉, 等. 电气设备局部放电检测技术述评 [J]. 高电压技术, 2015, 41 (8): 2583-2601.

[85] ZHANG X, ZHOU J, LI N, et al. Suppression of UHF partial discharge signals buried in white-noise interference based on block thresholding spatial correlation combinative de-noising method [J]. Iet generation transmission and distribution, 2012, 6 (5): 353-362.

[86] ZHAO X, QUAN J T. De-noising of GIS UHF Partial discharge monitoring based on wavelet method [J]. Procedia environmental sciences, 2011, 11: 1302-1307.

[87] ASHTIANI M, SHAHRTASH S. Partial discharge pulse localization in excessive noisy data window [J]. IEEE transactions on dielectrics and electrical insulation, 2015, 22 (1): 428-435.

[88] ZHANG Z, XIAO D, LIU Y. A wavelet transform approach to adaptive extraction of partial discharge pulses from interferences [C] // Power Systems Conference and Exposition. IEEE Xplore, 2009: 1-7.

[89] BAJWA A A, HABIB S, KAMRAN M. An investigation into partial discharge pulse extraction methods [J]. International journal of electrical power & energy systems, 2015, 73: 964-982.

[90] GAO S Y, WANG Q, GUI J F, et al. Suppression of pulse interference in partial discharge measurement based on phase correlation and waveform characteristics [J]. Journal of power and energy engineering, 2015, 9 (3): 289-295.

[91] LUO G, ZHANG D, TSENG K J, et al. Impulsive noise reduction for transient Earth voltage-based partial discharge using Wavelet-entropy [J]. Iet science measurement & technology, 2016, 10 (1): 69-76.

[92] ÁLVAREZ F, GARNACHO F, ORTEGO J, et al. Application of HFCT and UHF sensors in on-line partial discharge measurements for insulation diagnosis of high voltage equipment [J]. Sensors, 2015, 15 (4): 7360-7387.

[93] MCGEEHAN J P, O'NEILL B C, CRAGGS J D. Negative-ion/molecule reactions in sulphur hexafluoride [J]. Journal of physics d: applied physics, 1975, 8.

[94] 中华人民共和国电力工业部. 电力设备预防性试验规程: DL/T 596-2005 [EB/OL]. (2016-01-30) [2021-06-03]. https://max.book118.com/html/2016/0128/34270 269.shtm.

[95] ALTAY O, KALENDERLI O. Wavelet base selection for de-noising and extraction of partial discharge pulses in noisy environment [J]. Iet science measurement & technology, 2015, 9 (3): 276-284.

[96] YANG L, JUDD M D, BENNOCH C J. Denoising UHF signal for PD detection in transformers based on wavelet technique [C] // Electrical Insulation and Dielectric Phenomena

2004：166-169.

［97］唐炬，黄江岸，张晓星，等．局部放电在线监测中混频周期性窄带干扰的抑制［J］．中国电机工程学报，2010，30（13）：121-127.

［98］LI J, CHENG C K, GRZYBOWSKI S. Wavelet de-noising for PD UHF signals based on adaptive thresholding by genetic algorithm［C］//Electrical Insulation and Dielectric Phenomena, 2008：479-482.

［99］刘云鹏，律方成，李成榕，等．基于数学形态滤波器抑制局部放电窄带周期性干扰的研究［J］．中国电机工程学报，2004，24（3）：174-178.

［100］陈刚，刘志刚，张巧革．一种基于谱峭度的局部放电信号提取新方法［J］．电力自动化设备，2013，33（8）：94-100.

［101］BARSZCZ T, JABŁOńSKI A. A novel method for the optimal band selection for vibration signal demodulation and comparison with the kurtogram［J］. Mechanical systems and signal processing, 2011, 25（1）：431-451.

［102］姜锐红．基于谱峭度及原子分解的滚动轴承故障诊断方法研究［D］．上海：上海大学，2014.

［103］ANTONI J. The spectral kurtosis：a useful tool for characterising non-stationary signals［J］. Mechanical Systems and Signal Processing, 2006, 20（2）：282-307.

［104］ANTONI J. Fast computation of the kurtogram for the detection of transient faults［J］. Mechanical systems and signal processing, 2007, 21（1）：108-124.

［105］刘姝．数学形态学在信号处理方面的应用研究［D］．大连：大连理工大学，2006.

［106］赵昭，刘利林，张承学，等．形态学滤波器结构元素选取原则研究与分析［J］．电力系统保护与控制，2009，37（14）：21-25.

［107］PAPADANIIL C D, HADJILEONTIADIS L J. Efficient heart sound segmentation and extraction using ensemble empirical mode decomposition and kurtosis features［J］. IEEE journal of biomedical and health informatics, 2014, 18（4）：1138-1152.

［108］刘春生，张晓春．实用小波分析［M］．徐州：中国矿业大学出版社，2002.

［109］XU Z R, JU T, CAIXIN S. Application of complex wavelet transform to suppress white noise in GIS UHF PD signals［J］. IEEE transactions on power delivery, 2007, 22（3）：1498-1504.

［110］姚林朋，郑文栋，钱勇，等．基于集合经验模态分解的局部放电信号的窄带干扰抑制［J］．电力系统保护与控制，2011，39（22）：133-139.

［111］WANG K, LI J, ZHANG S, et al. A hybrid algorithm based on s transform and affinity propagation clustering for separation of two simultaneously artificial partial discharge sources［J］. IEEE transactions on dielectrics & electrical insulation, 2015, 22（2）：1042-1060.

［112］HANAI M, KOJIMA H, HAYAKAWA N, et al. Technique for discriminating the type of

PD in SF$_6$, gas using the UHF method and the PD current with a metallic particle [J]. IEEE transactions on dielectrics & electrical insulation, 2014, 21 (1): 88-95.

[113] 武国宁, 曹思远, 马宁, 等. S变换的时频分析特性及其改进 [J]. 地球物理学进展, 2011, 26 (5): 1661-1667.

[114] 高静怀, 满蔚仕, 陈树民. 广义S变换域有色噪声与信号识别方法 [J]. 地球物理学报, 2004, 47 (5): 869-875.

[115] YANG W X, TSE P W. Development of an advanced noise reduction method for vibration analysis based on singular value decomposition [J]. NDT & E international, 2003, 36 (6): 419-432.

[116] 奉国和. SVM分类核函数及参数选择比较 [J]. 计算机工程与应用, 2011, 47 (3): 123-124.

[117] KENNEDY J, EBERHART R. Particle swarm optimization [C] // IEEE International Conference on Neural Networks. IEEE, 1995: 1942-1948.

[118] AENOR. Guidelines for the checking and treatment of sulfur hexafluoride (SF$_6$) taken from electrical equipment and specification for its re-use: IEC 60480 [S]. Geneva: International electrochemical commission, 2004.

[119] 王德发, 盖良京, 吴海. 红外光谱法、气相色谱法和气相色谱/质谱法分析检测痕量SF$_4$的比较 [J]. 分析仪器, 2010 (3): 38-41.

[120] 张晓星, 任江波, 李毅, 等. SF$_6$分解组分的红外光谱定量测定 [J]. 高电压技术, 2010, 36 (3): 584-589.

[121] 范敏. 局部放电下SF$_6$分解特征组分的光声光谱检测研究 [D]. 重庆: 重庆大学, 2012.

[122] 张丽娜, 陈永义, 梁桂州. 关于GIS和SF$_6$断路器的现场检测方法 [J]. 高压电器, 2001, 37 (3): 47-48.

[123] 李铭书, 李胜利, 刘欣, 等. 用于SF$_6$分解产物检测的高电子产量离子迁移色谱仪的设计 [J]. 高电压技术, 2014, 40 (11): 3438-3444.

[124] 张英, 张晓星, 李军卫, 等. 基于光声光谱法的SF$_6$气体分解组分在线监测技术 [J]. 高电压技术, 2016, 42 (9): 2995-3002.

[125] 刘王挺. 碳纳米管传感器及检测局部放电导致SF$_6$分解生成的组分研究 [D]. 重庆: 重庆大学, 2010.

[126] 景士廉, 张云, 范宇星. 各种便携式气相色谱仪特点 [J]. 岩矿测试, 2006, 25 (4): 348-354.

[127] 云玉新, 张晓星, 赵笑笑, 等. SF$_6$分解物SO$_2$、H$_2$S、HF、CO的红外吸收特性分析 [J]. 高电压技术, 2013, 39 (11): 2650-2655.

[128] 王圆圆, 汲胜昌, 李金宇, 等. 多种试验条件下SF$_6$放电及分解特性研究（英文）[J]. 高电压技术, 2013 (8): 1952-1959.

[129] 齐波，李成榕，骆立实，等. GIS 中局部放电与气体分解产物关系的试验［J］. 高电压技术，2010，36（4）：957-963.

[130] 骆立实，姚文军，王军，等. 用于 GIS 局部放电诊断的 SF_6 分解气体研究［J］. 电网技术，2010，34（5）：225-230.

[131] 中国国家标准化管理委员会. 六氟化硫电气设备中气体管理和检测导则：GB/T 8905-2012［S］. 北京：中国标准出版社，2012.

[132] 国家能源局. 六氟化硫电气设备分解产物试验方法：DL/ T 1205—2013［S］. 北京：中国电力出版社，2013.

[133] 孙远涛，张洪田. 基于紫外吸收光谱技术的混合气体 SO_2 和 H_2S 浓度的实时监测［J］. 发光学报，2015，36（3）：366-369.

[134] 郑海明，蔡小舒，陈军. 压力对 SO_2 近紫外区吸收特性影响的实验研究［J］. 中国电机工程学报，2006，26（18）：101-105.

[135] MALIK H，SINGH S，KR M，et al. UV/VIS response based fuzzy logic for health assessment of transformer oil［J］. Procedia engineering，2012，30（9）：905-912.

[136] XU C，CHEN H，YAN Y，et al. Determination of nitrogen content in coal through UV differential optical absorption spectroscopy［J］. Fuel，2015，151：73-82.

[137] VAELE A C，SIMON P C，GUILMOT J M，et al. SO_2 absorption cross section measurement in the UV using a Fourier transform spectrometer［J］. Journal of geophysical research atmospheres，1994，99（D12）：25599-25605.

[138] 郑朝晖，刘文清，谢品华，等. 烟道 SO_2 浓度的紫外差分吸收光谱法测量研究［J］. 光电子·激光，2000，11（6）：613-616.

[139] 崔厚欣，齐汝宾，张文军，等. 295~315nm 范围内温度对 SO2 吸收截面的定量影响［J］. 光电工程，2008，35（10）：7-11.

[140] SHEMANSKY D. CO_2 Extinction coefficient 1700—3000 Å［J］. Journal of chemical physics，1972，56（4）：1582-1587.

[141] 邓亮，冷红琼，段沅杏，等. FT-NIR 光谱测定烟草中烟碱、总氮、总糖含量的模型研究［J］. 云南农业大学学报，2013，28（6）：814-818.

[142] 李慧，蔺启忠，王钦军，等. 基于小波包变换和数学形态学结合的光谱去噪方法研究［J］. 光谱学与光谱分析，2010，30（3）：644-648.

[143] 邹小波，赵杰文，夏蓉，等. 苹果糖度近红外光谱小波去噪和 iPLS 建模［J］. 农业机械学报，2006，37（6）：79-82.

[144] 赵肖宇，方一鸣，王志刚，等. EEMD 自适应去噪在拉曼光谱中的应用［J］. 光谱学与光谱分析，2013，33（12）：3255-3258.

[145] 戴吾蛟，丁晓利，朱建军，等. 基于经验模式分解的滤波去噪法及其在 GPS 多路径效应中的应用［J］. 测绘学报，2006，35（4）：321-327.

[146] KHAN A，POSKITT D S. A Note on window length selection in singular spectrum analysis

[J]. Australian & New Zealand Journal of statistics, 2013, 55 (2): 87-108.

[147] WANG R, MA H, ZHU X, et al. A new window-length selecting method for singular spectrum analysis [C] // Proceedings of the 32nd Chinese Control Conference, 2013, 3721-3726.

[148] 赵学智, 叶邦彦, 陈统坚. 奇异值差分谱理论及其在车床主轴箱故障诊断中的应用 [J]. 机械工程学报, 2010, 46 (1): 100-108.

[149] 赵学智, 叶邦彦, 陈统坚. 基于奇异值曲率谱的有效奇异值选择 [J]. 华南理工大学学报 (自然科学版), 2010, 38 (6): 11-18.

[150] 符杨, 江玉蓉, 崔椿洪, 等. 基于模糊数学和概率论的变压器故障诊断 [J]. 高电压技术, 2008, 34 (5): 1040-1044.

[151] LIU Y, ZHOU W, LI P, et al. An ultrahigh frequency partial discharge signal denoising method based on a generalized s-transform and module time-frequency matrix [J]. Sensors, 2016, 16 (6): 941.

[152] PEDRYCZ W. Conditional fuzzy c-means [J]. Pattern recognition letters, 1996, 17 (96): 625-631.

[153] 高新波, 裴继红, 谢维信. 模糊c-均值聚类算法中加权指数 m 的研究 [J]. 电子学报, 2000, 28 (4): 80-83.

[154] 谢传奇, 何勇, 李晓丽, 等. 基于高光谱技术的灰霉病胁迫下番茄叶片 SPAD 值检测方法研究 [J]. 光谱学与光谱分析, 2012, 32 (12): 3324-3328.

[155] GOLUB G H, HEATH M, WAHBA G. Generalized cross-validation as a method for choosing a good ridge parameter [J]. Technometrics, 1979, 21 (2): 215-223.

[156] 胡红红, 江健武, 钟士朝, 等. 气体分解产物和局部放电测试技术在 SF_6 电气设备状态诊断中的应用 [J]. 高压电器, 2014, 50 (10): 121-125.

[157] LI L P, TANG J, LIU Y L. Application of joint electro-chemical detection for gas insulated switchgear fault diagnosis [J]. Journal of electrical engineering & technology, 2015, 10 (4): 1765-1772.